原作者：
維·比安基
（Vitaly Valentinovich Bianki, 1894-1959）
蘇聯著名兒童文學作家。

1894 年 2 月 11 日生於聖彼得堡。父親是生物學家，在家裡養著許多飛禽走獸。受父親及這些終日為伴的動物之影響，比安基從小就熱愛大自然，對大自然的奧秘產生了濃厚的興趣，有一種探索其奧秘的強烈願望。他大學念彼得堡大學物理數學系。在科學考察、旅行、狩獵及與護林員、老獵人的交往中，他留心觀察和研究自然界的各種生物，累積了豐富的素材，為以後的文學創作打下了堅實的基礎，也使筆下的生靈栩栩如生，形象逼真動人。有「發現森林第一人」、「森林啞語翻譯者」的美譽。

1928 年問世的《森林報》是他正式走上文學創作道路的標誌。1959 年 6 月 10 日，比安基在列寧格勒（1924 － 1991 年，聖彼得堡更名為列寧格勒）因病逝世，享年六十五歲。他的創作除了《森林報》，還有作品集《森林中的真事和傳說》（1957 年），《中短篇小說集》（1959 年），《短篇小說和童話集》（1960 年）。

改編者：子陽

本名周成功，又名佳樂，小時候的願望
是：諾貝爾文學獎！
來自鄉村，從小到大，大自然是他的好
朋友。《森林報》編譯於 2013 年初，
由於之前閱讀了大量的外國名著，所以
當時有了寫作的衝動。後來，小侄子周
家安越長越可愛、聰穎，便決定把它送
為小侄子成長的禮物！

插畫家：蔡亞馨

東海美術研究所。
心中懷著一顆溫暖的小星星，住著精靈、小獸和植物，
個性鮮明的角色乘著她的筆，懷抱著無懼來到這個世界，
將傾訴的想望轉為色彩絢爛的詩篇。
Facebook 粉絲頁：趑蘱盬 ＜ㄅㄨㄛˇㄇㄥˊㄍㄨㄢˋ＞
https://www.facebook.com/doradora2014

森林報
夏之花

原　著｜【前蘇聯】維·比安基
編　譯｜子陽
插畫家｜蔡亞馨

森林報
夏之花 【目錄】

FOUR
鳥兒築巢月（夏季第 1 月）

52 綠色的朋友——森林

62 農莊裡的事兒

71 打獵的事兒

FIVE
鳥兒出世月（夏季第 **2** 月）

森林報
夏之花 目錄

SIX
成群結隊月（夏季第 3 月）

寫給小讀者的話

　　在普通的報紙、期刊上，人們看到的盡是些人的消息、人的事情，但是，孩子們關心的卻是那些飛禽走獸，想知道牠們是如何生活。

　　森林裡聚集了城市裡沒有的見聞，森林有著愉快的節日也有著可悲的事件。可是，這些事情卻很少在城市中看到，比方說，在嚴寒的冬季裡，有沒有小蚊蟲從土裡鑽出來，牠們沒有翅膀，光著腳丫在雪地上亂跑？有沒有林中的大漢——駝鹿在打架？有沒有候鳥大搬家，秧雞徒步走過整個歐洲？

　　所有這些森林裡的新聞，在《森林報》上都可以看到。

　　《森林報》有 12 期，每月一期，《森林報》的編輯們把它編成了一部書。每一期的內容有：編輯部的文章、森林通訊員的電報和信件，以及打獵的事情等。

　　《森林報》是在 1927 年首次出版的，從那以後，經過很多次的再版，每一次的再版都會增加一些新的專欄。

　　我們《森林報》曾派過一位記者，去採訪非常有名的

獵人塞索伊奇。他們一起去打獵，一起嘗試著冒險。塞索伊奇向我們《森林報》的記者說了他的種種奇怪事情，記者把那些故事記下來，寄給了我們的編輯部。

《森林報》是在列寧格勒出版的，這是一種非官方性的州報，它所報導的，多數是列寧格勒省或市內的消息。

不過，蘇聯幅員遼闊，常常會在同一時間，出現這樣的光景：在北方邊境上，暴風、暴雪正在下不停，把人們凍得都不敢出門；在南方邊境上，卻百花競豔，處處一片欣欣向榮；在西部，孩子們剛剛睡覺，在東部，已經是豔陽高照。

所以，《森林報》的讀者提出了這樣的一個希望，希望能從《森林報》上看到全國的事。

基於這些，我們開闢了【來自四面八方的趣聞】這一個專欄。

我們給孩子提供了許多有關動植物的報導，這會增加他們的視野，使他們的眼界變得更為開闊。

我們還邀請了很有名的生物學家、植物學家、作家尼娜‧米哈依洛芙娜‧巴甫洛娃等為我們寫報導，談談有趣的植物與動物。

我們的讀者應該瞭解這些，這樣，才能改造自然，盡自己的所能管理動物和植物，並與之和諧地生活。

等我們的讀者長大了，是要培育驚人的新品種，去管理牠們的生活，以使森林對國家有益。

然而有這些遠大的志向，要想得以實現，首先要熱愛和熟悉自己國家的領土，應當認識在它上面生長的動物和植物，並瞭解牠們的生活。

在經過了九版的審閱和增訂後，《森林報》刊出了《一年——分作 12 個月的太陽詩篇》一文，其中每個月份的名稱，都用了一個修飾的詞語，用來代表當月的特色，比如，「三月裡恭賀新年」、「融雪的四月份」、「歌舞的五月」等。

我們用生物學博士尼‧米‧巴甫洛娃寫的大量報導，擴充了【農莊快訊】這一欄。我們發表了戰地通訊員從林中巨獸的戰場上發來的報導，也為釣魚愛好者開闢了【祝鉤鉤不落空】一欄。

希望小讀者們能從中獲益！

《森林報》的第一位駐地通訊員

　　以前，居住在列寧格勒或者是林區的居民，經常可以看到這樣的一個人，他戴著一副眼鏡，目光專注。他在做什麼呢？原來，他是一個教授，在聆聽鳥兒的叫聲，觀察蝴蝶飛舞。

　　像大城市的居民，並不善於發現春天裡新出現的鳥兒或蝴蝶；不過，林中發生的任何一件新鮮事，都逃不過他的眼睛。

　　他叫德米特里‧尼基福羅維奇‧卡依戈羅多夫，他對城市及其近郊充滿活力的大自然觀察整整50年了。

　　在這半個世紀的歲月裡，他看著春天送走了冬天，夏天送走了春天，秋天送走了夏天，冬天送走了秋天。他看到鳥兒飛來又飛去，花兒開了又落，還有樹木的繁華與凋零。這些他都一絲不苟地觀察和記錄，然後發表在報上。

　　他還呼籲大家要觀察大自然，尤其是對青少年，他寄予了厚望，他把觀察所得寄給了他們。

　　許多人回應了他的呼籲，他的那支隊伍也逐漸壯大。

如今，熱愛大自然的人，例如方志學家、學者，還有少年隊員和小學生，都陸陸續續地投入了德米特里·尼基福羅維奇開創的先例中，繼續觀察並收集結果。

　　在 50 年的觀察中，他積累了許多心得，他把這些整合在一起。讓後世的許多科學家及讀者看到了一個前所未有的世界，他們知道春季的時候什麼鳥兒會飛到這裡，秋季裡牠們又飛往何方，他們知道了鮮花和樹木如何生長。

　　他還為孩子和大人們寫了許多有關鳥類、森林和田野的書籍。他親自在小學裡工作過，總結了他的經驗：比起書本，孩子們更喜愛研究大自然了，尤其是在林間散步的時候。

　　但是，我們這位偉大的先驅，卻於 1924 年 2 月 11 日，由於久患重病，未能活到新一年春季的來臨就離世了。

　　他是我們《森林報》的第一位駐地通訊員，我們將永遠紀念他。

森林年

　　讀者們可能會認為印在《森林報》上有關森林和城市的消息都不是新聞，其實不是這樣子的。每年都有春天，然而每一年的春天都是嶄新的，無論你生活了多少年，你不可能看見兩個完全相同的春天。

　　「年」彷彿一個裝著十二個月的車輪：十二個月都閃過一遍，車輪就轉過整整一圈，於是又輪到第一個月閃過。

　　可是車輪已經不在原地，而是遠遠地滾向前方了。

　　又是春季到了，森林開始復甦，狗熊爬出洞穴，河水淹沒居住在地下的動物們，候鳥飛臨。鳥類又開始嬉戲、舞蹈，野獸生下幼崽兒。讀者就將在《森林報》上發現林間最新的消息了。

　　這裡刊登的每年森林曆，與一般的年曆有許多不同，不過，也不要驚訝。

　　對於野獸和鳥類，牠們不像人類，牠們有著特殊的年曆。林中的一切都按照太陽的運行而去生活。

　　一年之中，太陽在天空要走完一個圈。它每月會經過

一個星座，即黃道十二宮的其中一宮。

在森林年曆上，新年發生在春季第一月，也就是在太陽進入白羊星座的時候。那時，會有一個歡快的節日，當森林送走了太陽時，憂愁寡斷也會來臨。

習慣上，我們把森林年曆劃分為十二個月，只是對這十二個月的稱呼是按照森林裡的方式。

地球將圍繞著太陽作圓周運動，每年會有一次。而太陽的這一移動路線就叫做「黃道」，沿黃道分佈的黃道十二星座總稱「黃道帶」。這十二個星座對應了十二個月，每個月用太陽在該月所在的星座符號來標示。

由於春分點不斷移動，70 年大概移動 1 度，就目前太陽每月的位置，都在兩個鄰近星座之間。但每個月仍會保留以前的符號，十二個星座從 3 月 20 日或 21 日春分為起點，依次為：白羊座、金牛座、雙子座、巨蟹座、獅子座、處女座、天秤座、天蠍座、人馬座、摩羯座、寶瓶座和雙魚座。

一月到十二月的森林曆

春季	春季第一月	3 月 21 日起至 4 月 20 日止	白羊座
	春季第二月	4 月 21 日起至 5 月 20 日止	金牛座
	春季第三月	5 月 21 日起至 6 月 20 日止	雙子座
夏季	夏季第一月	6 月 21 日起至 7 月 20 日止	巨蟹座
	夏季第二月	7 月 21 日起至 8 月 20 日止	獅子座
	夏季第三月	8 月 21 日起至 9 月 20 日止	處女座
秋季	秋季第一月	9 月 21 日起至 10 月 20 日止	天秤座
	秋季第二月	10 月 21 日起至 11 月 20 日止	天蠍座
	秋季第三月	11 月 21 日起至 12 月 20 日止	人馬座
冬季	冬季第一月	12 月 21 日起至 1 月 20 日止	摩羯座
	冬季第二月	1 月 21 日起至 2 月 20 日止	水瓶座
	冬季第三月	2 月 21 日起至 3 月 20 日止	雙魚座

FOUR
鳥兒築巢月
夏季第1月

絢麗多彩的六月

6月，是絢麗多彩的季節。這時候，初夏已經結束，盛夏開始了。在遙遠的北方，很少再見到夜晚，有時候經常可以看到太陽不下山。那些原先色彩單調的草地，已開滿了一朵朵鮮花，有薔薇、有金蓮花、有毛茛，草地因此呈現出一片斑斕多姿。

在6月裡，太陽開始發揮著生命的活力，人們四處採集有益於身心健康的鮮花、根、莖，然後把這些儲存起來，留作需要的時候使用。

而一年之中最長的一天，6月21日──夏至也漸漸過去。

從這一天開始，白晝越來越短，縮短的速度也越來越慢，有時候跟春天的光明增加的速度一樣慢。在我們民間有這樣的說法：「夏天的頭頂已經從籬笆縫裡露出來了。」

所有的鳴禽都有了自己的家，牠們在築好的窩裡產了各種顏色的蛋。那些嬌小的生命出來了，牠們從裂開的殼裡探出腦袋，正好奇地望著這個世界呢！

各有各的住所

卵小鳥的六月份到了，林中的居民們都為自己的家建造了房子。

我們《森林報》的通訊員決定去弄清楚，看看飛禽走獸、魚兒、蟲兒都住在什麼地方？看看牠們過得如何？

絕妙的住宅

在森林裡，各處都成了動物的家，連一片留空的地方也沒有。牠們在地上、地下，水上、水下，樹上、樹內，草叢、半空，都安放了家。

瞧瞧在空中有黃鶯的家，牠的家掛在白樺樹上，是用大麻纖維、草莖、毛髮打造的，活像一個小籃子，精緻極了！當風吹的時候，雖然會隨風搖動，但其中的鳥蛋卻不會掉下打破。

在草叢中築巢的有百靈、林鷚（ㄌㄡˋ）、黃鶲（ㄨˊ）和許多別的鳥。我們的記者卻喜歡柳鶯的小住宅。牠是用乾草和苔蘚砌成的，上面有一個蓋兒，出入口在旁邊。

在樹洞裡，住著的是鼯鼠、啄木鳥、山雀、椋（ㄌㄧㄤˊ）

鳥、頭鷹和許多別的鳥。

在地下安家的是鼴鼠、田鼠、獾、灰沙燕、翠鳥和各種各樣的蟲兒。鷿鷈（ㄆㄧˋ ㄊㄧˊ），是一種潛鳥，牠的住宅浮在水上，是用沼澤裡的草、蘆葦和水藻做成的。鷿鷈就住在牠的住宅裡，在湖裡到處飄來蕩去，就如乘坐木筏一般。

在水下安家的是石蛾和銀色的水蜘蛛。

誰的住宅最好

我們《森林報》的通訊員想找到一處最好的住宅，可是，要找到最好的，並不是一件容易的事。

雕的窩最大，是用粗樹枝建成的，建在又高又大的松樹上。

戴菊鳥的窩最小，整個窩只有小拳頭那麼大，因為戴菊鳥的身子比蜻蜓還要小，能容下自己就行了。

田鼠的住宅蓋得很巧妙，有許多前門、後門和太平門，這樣子的話，很少有人能在洞裡捉住牠。

卷葉象鼻蟲的住宅很精緻。卷葉象鼻蟲是一種甲蟲，牠有著長長的嘴巴，喜歡把白樺樹葉的葉脈咬掉，然後等

葉子開始枯黃的時候，把葉子卷成筒兒，雌卷葉象鼻蟲就在這個筒裡產卵。

歐夜鶯的窩很簡單，牠們把蛋下在樹底下枯葉堆裡的小挖坑裡，對於這種住宅，是不需要下力氣去打造的。

反舌鳥（即烏鶇。俗名反舌、黑鳥、黑鶇、牛屎八哥、烏吸、百舌）的住宅很漂亮，牠們把家建在白樺樹枝上，用苔蘚和輕巧的樺樹皮包裝起來。牠還在一座別墅的花園裡，撿到人們丟在那裡的彩色紙片，然後也裝飾在自己的窩上。

山雀的小窩最舒服，牠的窩，裡面用絨毛、羽毛和獸毛編制，外面用苔蘚造就。整個窩是圓的，像小南瓜似的，在窩的正當中，有個小圓門。

石蛾的住宅很輕便。石蛾是有翅膀的昆蟲，牠們停下來的時候，會把翅膀收攏，蓋在脊背上，但是沒有遮沒全身。牠們的幼蟲還沒有翅膀，全身很光滑。牠們住在小河和小溪的河床上。石蛾的幼蟲往往會找一根細枝或者一片蘆葦，把一個沙泥小圓筒粘在那裡，就爬了進去。這樣看起來很方便，也可以在裡面安安靜靜地睡上一覺，很少有人會打擾到牠。若想換地方，牠們就會伸出前腳，背著小

房子在河底爬。而有一種石蛾的幼蟲，在找到落到河底的香煙嘴兒時，會爬進去，在水的浮力下可以到處旅行。

　　銀色水蜘蛛的房子很奇怪。水蜘蛛住在水底，在水草間結上一張蜘蛛網，然後用肚皮從水面上帶來一些氣泡。水蜘蛛可以住在這種有空氣的房子裡。

棘魚和巢鼠的家

　　我們《森林報》的通訊員去看了魚類和鼠類的家。

　　首先，他們去瞭解的是棘魚。棘魚的雄魚負責築巢，牠們只用有重量的草莖築巢。棘魚用嘴從水底拔起這些草莖，再把這些草莖固定在水底的沙灘上，用自己的黏液塗抹在巢的四壁和天頂，再往小孔裡塞滿苔蘚，到最後巢壁上只留有兩個洞口。

　　接著，他們去瞭解的是巢鼠。巢鼠做的巢像鳥類的一樣。小巢鼠用小草和草莖編織自己的家。巢鼠把巢掛在刺柏的樹枝上，離地面大概有兩公尺的高度。

用什麼材料建房子

森林裡動物們的房子，是用不同的材料建成的。

像鵜鳥的家，在內壁上塗著爛木屑，就像人類用洋灰抹牆壁似的。

家燕和金腰燕的窩用爛泥做成，牠們用自己的唾沫，把家裡粘得很牢固。

黑頭鶯用樹枝建造房子，用蜘蛛網把那些樹枝黏牢。

鳾（ㄕ，台灣常見的茶腹鳾是其中一種，在大陸俗稱藍大膽、穿樹皮、松枝兒。慣於在樹幹上下攀爬，號稱是鳥類中的壁虎，也是唯一一種能 頭向下 尾朝上 往下爬樹的鳥類）是一種小鳥，牠們會在挺直的樹幹上頭朝下爬行，牠們住在樹洞裡。而為了防止松鼠的侵襲，牠們習慣用膠泥把洞口封起來，只留個自己能擠進去的小洞。

翠鳥把自己的房子建在河岸上，牠們會在河岸上挖一個很深的洞，然後在家裡鋪上細魚刺，這樣，就等於有了一條軟綿綿的墊子。

寄居別人的家

有一些動物不願意為自己建房子，牠們就去霸佔別人的家了。

杜鵑喜歡把牠的蛋產在鶺鴒、夜鶯、山雀和其他善於持家小鳥的家裡。

黑勾嘴鷸，會找到一個舊的烏鴉巢，在那裡下蛋孵卵。

船硍（ㄉㄨㄜˇ）魚喜歡住被螃蟹遺棄的蟹洞，然後就在裡面安家落戶。

麻雀的手段很狡猾，剛開始牠們把家建在屋簷下，但被孩子們扒掉了；牠們又把家建在樹洞裡，卻又被伶鼬連蛋也拖走了；後來，牠們乾脆把自己的家建在雕的家附近。現在，牠們終於可以安心地過日子了。因為大雕對這個小傢伙根本不屑一顧，而無論是伶鼬，還是貓咪，或者是小孩子們，都不敢再來搗毀麻雀的新家了，因為牠們害怕雕啊！

---

1. 伶鼬，又稱銀鼠、白鼠、雪鼬，為鼬科鼬屬的動物。身體細長，手腳跟尾巴很短，是世界上最小的食肉動物之一。喜歡乾燥地域。分佈於歐洲、亞洲和北美洲北部。牠是厲害的獵人，擅長攻擊比自己大很多的動物。主要在白天覓食，主食為鼠類。

公共住所

森林裡也有公共住所，像蜜蜂、黃蜂和螞蟻，牠們會成千上萬地住在一起。

禿鼻烏鴉會佔據果園、小樹林，然後作為自己的移民區。在果園、小樹林裡，有許許多多牠們的窩聚集在一起。

鷗也開始佔領了，沼澤、沙灘和沙島成了牠們的領地。

灰沙燕在峭壁上鑿了無數的小洞，把河岸搞得像個篩子似的，那些小洞裡住著很多牠們的同伴。

窩裡面的蛋

每個窩裡都有鳥蛋，每一種鳥蛋各不相同。但問題不在於每一種鳥有不同的蛋。

像田鷚，牠們的蛋佈滿了斑點和小麻點兒；像歪脖鳥[2]的蛋是白色的，其中夾雜著很少的緋紅色。不過，歪脖鳥的蛋下在又深又暗的樹洞裡，很少能看得見。田鷚的蛋就下在小草墩上，完全是露天的。不過，田鷚的蛋和草墩的顏色差不多，一不小心，蛋就會被踩破。

野鴨的蛋幾乎是全白色的，牠們的家建在草墩上，也是露天的。不過，野鴨很聰明，在牠們離開巢的時候，會

28

拔下自己腹部的羽絨，或者用野草，把自己的蛋蓋起來，以防一些壞傢伙在牠們離開的時候來搞破壞。

　　但要知道，田鷸產下的是尖頭的蛋，而老鷹產下的蛋卻是圓的。你會好奇，因為田鷸是一種小鳥，不像大鳥們那樣，如果產下的蛋不是尖頭對著尖頭，那麼牠們就無法用小小的身軀來孵蛋，畢竟身體無法將那些蛋完全覆蓋起來。

　　不過，田鷸的蛋個頭兒卻不小，牠為什麼能生下那麼大的蛋呢？

　　針對這個問題，在下一期《森林報》上會有解答，那時候，小田鷸該破殼而出了。

2. 歪脖鳥，即蟻鴷，又稱地啄木，受驚時頸部會像蛇一樣扭轉，故得名「歪脖」。在台灣是稀有的過境鳥或冬候鳥。腳的構造很適合攀登，跟啄木鳥差不多，但不啄樹洞。

林裡的大事兒

狐狸攆走了老獾

狐狸家裡出大事了，洞頂塌了，差一點兒把小狐狸壓死。狐狸生氣極了，她想：這下非得搬家不可了！

狐狸到獾家裡去了。獾有一個出色的洞穴，這個洞穴是牠自己挖的。狐狸對這個洞穴很滿意，再看看裡面，分叉一道又一道，敵人也不會輕易侵入。況且獾的洞很大，可以住下兩家子。狐狸便要求要和獾一起住，誰知，獾不領情拒絕了牠。

狐狸很生氣，牠仔細地瞭解了獾的習性。原來獾比較愛乾淨，愛整齊，哪兒髒一點牠都會心裡很難受，何況和一個有孩子的一家人同住呢！

狐狸被獾趕出以後，躲到樹林裡去了。牠趴在草叢中，靜靜地望著獾的洞口。

獾從洞裡探出頭來張望了一下，看到狐狸走了，才放心地爬出洞，到森林裡去找蝸牛吃。

狐狸趁這個機會跑到獾的家裡，把獾的家裡弄得髒兮兮的，然後心滿意足地溜之大吉。

獾回到家裡一看，不好，怎麼家裡變得那麼髒？牠也懶得收拾，走出了洞穴，到另外的地方去建造新家了。

　　這正是狐狸所期望的。

　　獾走了之後，狐狸就迅速地把小狐狸銜了過來，舒舒服服地在裡面生活了下來。

有趣的浮萍

　　在池塘裡出現了浮萍，不認識的人說它是水藻。但水藻是水藻，浮萍是浮萍。浮萍是一種有趣的植物，它不像

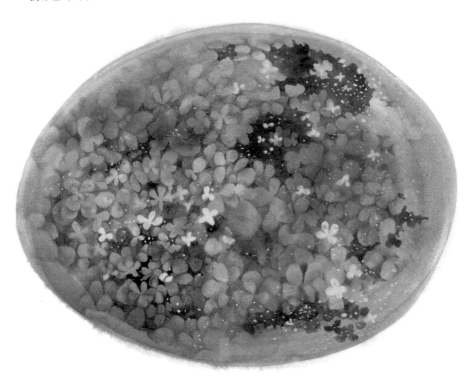

別的植物那樣，它把小小的葉柄托在水面上，在浮著的綠色小瓣上，有橢圓形的邊緣，這些邊緣是連接小瓣的莖和枝條。浮萍沒有葉子，很少會開花。但浮萍並不需要開花，它的繁殖能力很強，從小瓣的小莖上脫落一個小枝，一棵植物就變成了兩棵。

浮萍的日子過得很清閒，它總是漂浮著。有一隻鴨子遊過，浮萍就可以黏在鴨掌上，然後鴨子可以把它帶到另一個池塘。

會變戲法的矢車菊

在草場和空地上，矢車菊開花了。看到這種花，會讓人想起伏牛花（中醫藥界俗稱虎刺、刺虎、繡花針。莖有刺）。因為這兩種花有一個相同的本領：都會變戲法！

矢車菊的花構造不簡單，它是由許多小花組成的花序。它上面長滿了蓬鬆、犄角形的小花兒，這些都是不結子的無實花。而真正的花在它們當中，是那些深絳紅色的細管子，在細管子裡面，有一個雌蕊和幾根雄蕊。

只要碰到絳紅色的細管子，細管子就會歪向一邊，從細管子的小孔裡會冒出一些小花粉來。

一段時間後，如果再碰它一下，它會又歪出一些花粉。

這就是它們的戲法！

這些花粉並不是白白就被糟蹋了，當有昆蟲來的時候，它就會給昆蟲一些花粉。昆蟲拿去吃也行，粘在身上也行，只要能帶到另一株矢車菊上面就可以了。

神秘的夜行大盜

森林裡出現了一個神秘的盜賊，森林裡的居民們都很害怕。

每天夜裡都會有年輕的小兔子失蹤。每到夜裡，無論是小兔、琴雞、松鼠，還是小鹿、松雞，都沒有安全感。牠們擔心神秘的殺手會突然出現，有可能來自草叢，有可能來自樹叢，有可能來自天空，有可能來自河裡。也說不定那些盜賊不是一個，而是一團。

還在幾天前，麋子的一個家庭，公麋、母麋和兩隻幼麋在林地間吃草。由於是夜裡，公麋站到了離灌木叢不遠的地方警戒，母麋帶著孩子們在空地中央繼續吃草。

忽然，從樹林裡閃出一個黑影，那影子襲向公麋，公

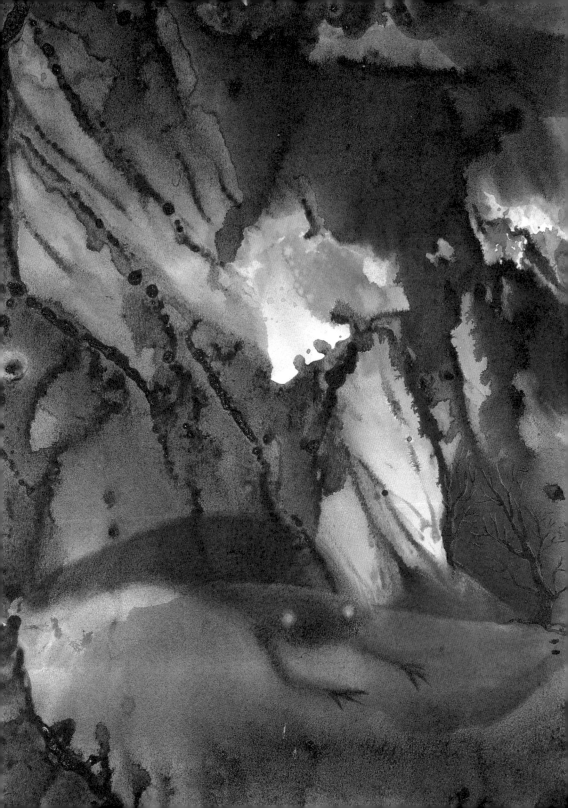

麋頓時倒下了。母麋攜帶著兩隻幼麋逃進了林子。

第二天，母麋回到那片地方時，只看到公麋的一對角和四條腿。

同樣在昨天夜裡，一頭駝鹿也遭到了襲擊。牠當時正在林子裡走著，看到一棵樹上多出了一些東西。由於天黑，並沒有在意是什麼玩意兒，忽然，一件可怕而沉重的東西墜落在牠的後背上，那東西有 30 公斤重。

駝鹿大吃一驚，使勁地把盜賊從背上甩掉，頭也不回地跑開了，牠也不知道是誰攻擊了牠。

在這森林裡沒有狼，狼也不會在樹上。熊此時正在森林裡換毛，牠不會從樹上跳到駝鹿的背上。可是，這夜行大盜到底是誰？

誰也不清楚！

夜鶯的蛋不見了

我們《森林報》的通訊員找到了一隻夜鶯的家，在一個小坑裡有兩個蛋。當走過去的時候，雌夜鶯從蛋上飛了起來。

我們的通訊員沒有動牠的巢，只是把這個巢所在的地

點，清清楚楚地記了下來。

過了一段時間，他們回去看這個巢，巢裡的兩個蛋竟然不見了。牠們去哪裡了？通訊員很好奇，過了兩天才弄明白，原來是雌夜鶯怕人類損壞牠們的家，把兩個未出世的小夜鶯衘到別的地方去了。

勇敢的雄棘魚

前面已經說過，雄棘魚在水下築了一個怎樣的巢。在工程結束以後，牠選擇了一條雌棘魚，把雌棘魚帶回家。雌魚在這裡產卵後就離開了。

雄棘魚只好去找另一條雌棘魚來，同樣地，這條雌棘魚還是產卵後又離開了。接著，是第三條，第四條……到最後，只有雄棘魚照看著這些卵。

而在河裡，有一些傢伙正對這些卵垂涎三尺。雄棘魚只好守衛著，使孩子們免遭兇猛動物的攻擊。

還在不久前，鱸魚就向牠的窩發動了攻擊，雄棘魚與鱸魚搏鬥著。牠豎起了身上的五根刺，三根在背上，兩根在肚皮上，靈敏地向敵人刺扎過去。

鱸魚全身有鱗片，就像堅固的盔甲一樣，但牠的臉部

沒有防備，被雄棘魚刺傷後，就一溜煙地跑開了。

猞猁是兇手

　　今天夜裡，森林裡又出現了謀殺案，被害者是樹上的松鼠。

　　我們檢查了一下出事的地點，根據兇手的腳印，可以判斷這個神出鬼沒的強盜是誰了。不久前，牠還害死了獐鹿，鬧得森林裡驚慌不安。

　　看了牠的腳爪印，森林通訊員們知道，原來是來自北方森林裡的「豹子」，也就是素有「林中大貓」之稱的猞猁[3]。

　　小猞猁長大了，現在猞猁媽媽正帶著牠們在林中亂跑，在一棵又一棵樹之間爬來爬去。

　　夜裡，牠的眼睛像白天一樣清楚。誰要是被牠盯上了，誰就要遭殃。

---

3. 猞猁，為貓科的一種食肉性動物，也稱為山貓或大山貓。分為四種：歐亞猞猁、加拿大猞猁、南歐猞猁、短尾貓。此處說的是歐亞猞猁，為最常見的種類。

螻蛄

我們《森林報》的一位通訊員，從加里寧省發來了一份報導：

「為了練習爬樹，我樹立了一根桿子。當掘土的時候，我掘出一隻小野獸，我也不清楚牠是什麼。牠的前掌有腳爪，背上有像翅膀一樣的兩片薄膜，牠的身上有著棕黃色的細毛。

這隻小獸有 5 公釐長，樣子像黃蜂，又像田鼠。可是牠有六隻腳，憑這一點判斷，牠應該是一種昆蟲。

刺蝟和蝰蛇大戰

一大清早，瑪莎就光著腳丫跑到了森林裡。

森林裡有很多草莓，瑪莎順利地採了一小籃，然後蹦蹦跳跳地往回家的路跑。忽然，她跌倒了，腳丫子被扎人的東西戳出了血。

瑪莎低頭一看，原來是一隻刺蝟，正縮成一團叫起來。

瑪莎哭了起來，然後用手帕擦腳上的血。

正在這時，一條大蛇向瑪莎爬了過來，牠的背部有黑色的花紋，顯然是一條毒蛇——蝰（ㄎㄨㄟˊ）蛇。

編輯部的回音

　　這種與眾不同的昆蟲是螻蛄，牠的樣子像小獸兒，有一個外號叫「賽鼴鼠」。牠跟鼴鼠很像，也是掘土的能手。不過，螻蛄的前腳還有一個特點，像剪刀似的，在地下來來往往時，就用這些前腳剪斷植物的根。鼴鼠的力氣大，個頭也大，這種根用力一扯就斷了。螻蛄卻不同。

　　在螻蛄的兩齶上，有像牙齒一樣的鋸齒狀的薄片。

　　螻蛄的一生大部分生活在地下，牠和鼴鼠一樣，在地下掘通道，在那裡產卵。此外，螻蛄還有兩扇軟軟的大翅膀。牠飛翔能力很好，是鼴鼠無法比擬的。

　　在加里寧省，螻蛄並不多，在列寧格勒省更少。可是在南方的各省，螻蛄的數量卻很多。

　　誰要是想找到牠們，就去潮濕的土地裡找吧！最好是在水邊、果園和菜園地裡。

　　用這種方法能夠捉到螻蛄：先選一個地方，每天晚上往這塊地方澆水，用木屑把這塊地方蓋起來。半夜裡，螻蛄就會鑽到木屑下的稀泥裡。

瑪莎嚇得直冒冷汗，蝰蛇正慢慢逼近她，還發出「噝噝」的叫聲。

　　瑪莎感到絕望了，然而，那隻刺蝟卻猛然舒展身子，向蛇跑去。蝰蛇和刺蝟打了起來。

　　只見蝰蛇用身體的前半部撲過去，像鞭子一樣抽到刺蝟身上，但是刺蝟卻用刺在下面抵擋著。蝰蛇疼得叫了起來，就繞了過去，打算逃開，但刺蝟卻窮追不捨，用牙齒咬住蝰蛇頭後方的位置，兩隻爪子扎到蝰蛇的背上。

　　瑪莎不敢再觀戰了，她馬上爬起來，朝家裡跑去。

蜥蜴

　　我在森林的樹椿旁，捉到了一隻蜥蜴，就把牠帶回家，裝在鋪了沙土和石子的玻璃罐裡。我每天要給牠換水、換草，還要往裡面放牠的食物——蒼蠅、甲蟲、蟲子的幼蟲、蝸牛什麼的。蜥蜴每次都狼吞虎嚥，大口大口地吃著。

　　蜥蜴很喜歡吃在甘藍叢裡生長的白蛾子，牠會朝著白蛾子張開嘴，吐出小舌頭，向牠們撲過去，就像是狗遇到

了骨頭似的。

　　一天早晨，我在小石子之間的沙堆裡，找到了十來個長圓形的小白蛋，那些蛋殼又軟又薄。這是蜥蜴的蛋，蜥蜴媽媽挑選了一個陽光明媚的地方孵蛋。

　　過了一個多月，小蜥蜴出生了，牠們長得和牠們的媽媽一模一樣。

　　現在，這一家子老少，正在小石頭上，暖暖地曬著太陽呢！

森林通訊員　謝斯嘉科夫

毛腳燕的窩

摘自一位少年自然科學家的日記

6 月 25 日

　　每天燕子都在操勞著，都在築巢。巢也一天天地變大。牠們一清早就開始工作，中午休息兩三個小時，接著繼續修整和營造，直到太陽快下山時才結束。牠們不需要不停地工作，因為黏土需要一點時間才能變乾變硬。

　　有時，別的毛腳燕會飛到牠們那裡做客，如果公貓不在屋頂的話，牠們還會多待一會兒。

　　現在，窩已經像有缺口的月亮，缺口朝著右邊。

　　我清楚地知道，毛腳燕窩的形狀是怎麼形成的，為什麼牠不是向左右兩邊均衡發展。因為，雌燕和雄燕都參與了工作，但力氣不一樣。雌燕在做巢時，總是頭向左邊，牠很勤奮。雄燕常常不知飛到哪裡去了，一去就是幾個小時。當牠停在巢上時，總是頭朝向右。雄燕的工作趕不上雌燕，所以巢右邊的進度總是落後於左邊。

　　沒想到，雄燕竟那麼懶惰，牠比雌燕力氣大，卻做得比她少，難道牠不會感到害臊嗎？！

6月28日

　　燕子已不再築巢，而是把麥稭和羽毛往窩裡拖。我至今還沒有想到，原來牠們的整個工程是那麼俐落：理應讓左邊的進度快於右邊！雌燕把巢的左邊築得高到了頂，而雄燕卻沒有把自己這一邊築到頭，於是築成了右上角開了口的一個不完整的泥球。而這正是牠們需要的，這裡是牠們的出入口，是門戶。否則燕子怎麼進窩裡呢？看來，我還是冤枉了雄燕。

　　今天是雌燕留在窩裡過夜的第一個夜晚！

6月30日

　　巢築完了，雌燕便不再出窩。雄燕不時地給牠帶蟲子吃，還不停地歌唱著，牠心裡樂呵著呢！

　　又飛來了一群毛腳燕，牠們依次向窩內瞧瞧，在窩邊凌空擺動著身子，說不定還吻了孵卵的雌燕呢！牠們唧唧喳喳地叫著，叫了一陣就飛走了。

　　公貓偶爾也會爬上屋頂，牠往燕窩裡瞅，是看看小燕子出生了沒有！

7月13日

　　雌燕趴在窩裡有兩個星期了，除非中午最熱的時候會出來乘涼一會兒，因為只有那時柔弱的燕蛋才不會著涼。牠趁這個機會，在屋頂上捕捉蒼蠅，然後飛向池塘，在那裡喝過水後，又回到了自己的窩裡。

　　今天，雄燕和雌燕都開始從窩裡飛進飛出。一次，我還看見雄燕的嘴裡含著一片白色的蛋殼，雌燕嘴裡含著一隻蚊子。看來，小燕子出世了。

7月20日

　　公貓爬到了屋頂，想用手去抓燕窩。小燕子們可憐地叫著！

　　這時，不知從哪裡飛來了一群燕子，牠們叫著、飛翔著，幾乎要碰到大公貓的鼻子。大公貓用爪子企圖逮住牠們，但總是失敗了。

　　一不留神，牠從屋頂上摔了下去。

　　幸好沒有摔死，但牠「喵喵喵」地叫了幾聲，掂著三隻腳踉蹌地走了。

　　這是自作自受，誰叫牠來騷擾燕子呢！

　　　　　　　　　　　　森林通訊員　維麗卡

44

小燕雀和牠的媽媽

在我家的院子裡，是一片花繁葉茂的景象。

我在院子裡走著，忽然有一隻小燕雀從我腳底下飛過來。牠飛了起來，然後又落下。

我把牠捉住，帶回了家，放在洞開的窗口。

過了不到一個鐘頭，小燕雀的爸爸媽媽就過來餵牠了。

牠在我家裡待了一天，晚上我還把牠放進了籠子裡。

第二天早晨，我醒來的時候，看見小燕雀的媽媽蹲在窗臺上，嘴裡叼著一隻蒼蠅。

我爬起床，把小燕雀放在窗臺上，自己躲到暗地裡觀察。

小燕雀的媽媽停了一會兒，就過來餵牠的孩子了。小燕雀唧唧喳喳地張開嘴巴尖叫了起來，牠正餓著呢！燕雀媽媽便飛到跟前餵牠蚊子。

後來，當燕雀媽媽又去找食物的時候，我把小燕雀放到了院子裡。

等我再去看小燕雀的時候，牠已經不見了，原來是媽媽把牠帶回家了。

貝科夫

鐵線蟲

在河流、湖泊和池塘，甚至是在深水坑裡，生活著一種動物，牠是鐵線蟲。聽老人們說，牠是復活的馬鬃。當人游泳的時候，牠會貼在人的皮下，讓人奇癢難忍。

鐵線蟲像一種棕紅色的粗毛髮，更像一段鐵絲，牠很堅硬，就是把牠放在石頭上，用另一塊石頭敲打牠，牠也可以安然無恙。

牠的身體常一會兒伸展，一會兒收縮起來。

牠是一種對人沒有傷害的無頭蠕蟲，雌蟲的體內充滿了卵，那些卵在水裡會變為有角質長吻和小鉤子的幼蟲，會附著在水生昆蟲的身上，然後鑽進去。在寄主的體內，鐵線蟲的幼蟲變成為無頭的蠕蟲，出來以後，牠們便爬到水裡，這令一些迷信的人會感到不安。

用槍打蚊子

達爾文國家自然資源保護區的建築物，坐落在一個半島上，周圍是雷濱海。這是個新的海，與眾不同的海。在不久以前，這裡還是一片森林呢！

海很淺！有些地方，還有樹梢會浮出水面。這個海裡

的水是淡水，裡面居住著數以萬計的蚊子。

這些小蚊子被科學家們認為是吸血鬼，牠們會飛到實驗室、餐廳和臥室，攪得人不安寧！飯也不敢吃，覺也睡不好。

晚上，在所有房間裡，都會聽到槍響。

這是怎麼一回事呢？其實沒什麼事。原來，是他們在用槍打蚊子。

不過，子彈筒裡裝的不是子彈，而是鉛霰彈。科學家們把打獵用的火藥，裝在帶引信的彈殼裡，然後把彈殼裡裝滿殺蟲粉，塞上，不叫它流出來。

這樣，一旦開槍，殺蟲粉就像一陣輕細的灰塵，灑遍在整個建築屋裡。它們會飄到任何角落，使得躲著的蚊子被殺死。

一位少年自然界研究者的夢想

一位少年自然界的研究者，準備在班級裡作報告，題目是：昆蟲對田間和森林的危害以及如何戰勝牠們。

他念道：「用機械和化學的方法對付甲蟲，將耗費1.37 億盧布……手工捕捉甲蟲 1.3015 千萬隻，如果用火車

來運輸的話，將需要 813 節車廂。……為了與牠們抗爭，每公頃的土地上每天需要 20~25 個人投入工作。」

少年自然界研究者看了那一長串尾數帶零的數字，頭都覺得暈了，只好上床睡覺。

蚊子咬了他一夜，甲蟲、毛毛蟲、蛾子也從四下裡爬出來，纏繞得他透不過氣來。他用雙手捏死牠們，用藥水毒死牠們，可是，牠們卻反而越來越多……少年自然研究者從睡夢中驚醒。

他清晨起床，冷靜想了一想，發現情況並不像他想像的那麼糟糕，於是他就在自己的報告裡建議製作許多椋鳥窩、山雀窩，並向愛鳥日敬禮。要知道，這些益鳥捕食毛毛蟲、甲蟲和蛾子要比人類有效果，而且牠們做這一切不會希求回報。

請試驗一下

如果在上面無遮蓋，周圍有鐵絲網的養禽場上面，或者在沒有頂的籠子上面，交叉著拉幾根繩子，那麼貓頭鷹或者大雕在撲向鐵絲網或籠子裡的飛禽以前，一定會先落在繩子上面歇歇腳。

在貓頭鷹看來，繩子很堅固，可是，只要牠一落到繩子上，就會栽倒下來，因為繩子太細了，而且很蓬鬆。

猛禽栽個跟斗跌倒以後，會頭朝下一直掛到第二天早上。在這種情況下，牠是不敢掙扎的，因為害怕跌到地上摔死。等到天亮的時候，你就可以把牠從繩子上取下來。

事情果真是這樣子嗎？請你試驗一下，繩子也可以用粗鐵絲代替。

鱸魚晴雨錶

聽說過這樣子的事情，如果從你打算釣魚的湖泊和河流裡，把小鱸魚連水一起取來，放進魚缸，你就能知道是否值得到這個湖泊和河流去釣魚了。你只需要在出發之前給小鱸魚餵點兒食物，假如牠們很餓，那就表示在湖上釣魚會有大收穫，鱸魚和別的魚會輕易上鉤。要是魚缸裡的小鱸魚不吃食料，那就表示氣壓不對頭，很快就會變天，也許會下雷雨。

要知道，魚兒對水裡和空氣的任何變化都比較靈敏，可以根據牠們的行為預知幾個小時後的天氣。

一個釣魚愛好者應該瞭解這些，牠們就如晴雨錶一般，

會給我們很好的預報。

天上的大象

天上飄來一塊烏雲，黑壓壓的，活像大象。牠一會兒把鼻子拖到地上，一會兒又卷起一片塵埃。塵埃像柱子似的隨風飛舞著，越來越大，最終和天上大象的鼻子連到一起，成了一個更大的柱子。

大象把柱子摟在懷裡，又向遠天奔去了。

天上的大象來到另一座小城市的上空，待在那裡不動了。忽然，從牠身上落下了雨水。

好大的雨啊！人們撐在頭頂上的傘以及屋頂，都乒乒乓乓地響起聲來。你知道，是什麼敲得它們那麼響嗎？原來是小魚、小蛤蟆和小青蛙。牠們在大街上的水窪裡亂蹦亂跳，整條大街熱鬧極了。

後來，人們才知道是怎麼一回事。原來那塊像大象的烏雲，在龍捲風的幫助下，從一座森林中的小湖裡卷起了大量的水，連同水裡的小魚、小蛤蟆和小青蛙一起，在天上飛行了很遠，再把牠們丟在了另一座城市。然後，又高昂著頭向其他的地方跑去了。

綠色的朋友——森林

相傳，在很久很久以前，森林大得無邊無際。可是，那時候的森林主人——地主——不會過日子，不知道保護、愛護森林，導致森林被大量砍伐。

幾乎所有的地方都被他們砍光了，很多地方出現了沙漠和塌陷地。

在農田的周圍沒有了森林，乾風就會從沙漠裡吹來，向農田進攻。火熱的沙子把農田覆蓋起來，莊稼都被燒死了，沒有人能想出辦法拯救這些莊稼。

江河、池塘和湖泊的沿岸樹木少了，積水開始乾涸，塌陷地也向農田進攻。

人們管理不了那些不中用的當家人，就要親自來掌管森林了。他們對乾風、旱災和塌陷地宣戰了。

這樣，綠色的朋友——森林，便成為了人們的助手。

哪裡需要遮蔭，森林就到哪裡去。雄偉的森林像大漢似的挺起魁梧的身體，用頭髮蓬鬆的腦袋遮住了江河、池塘和湖泊，不讓太陽曬傷牠們。

狠毒的旱風總是從沙漠裡攜帶來熱沙，把耕地埋起來。

哪兒需要保護廣大的農田，不讓旱風侵蝕，森林大漢就到哪兒，抵擋住那些狠毒的旱風，像銅牆鐵壁似的，阻止農田被侵害。

哪兒耕鬆的土地往下塌陷，塌陷地就會迅速擴大，對農田的邊緣不利。我們就在哪兒造林。我們綠色的朋友——森林，在那裡用牠強有力的根緊緊地抓在土地上，把土地穩固住，不許塌陷地到處亂跑，啃食我們的農田。

征服旱災的征戰一直在進行著！

恢復森林

在某些地方，已在進行人工造林。人們在面積達 250 公頃的土地上種植了雲杉、松樹和西伯利亞落葉松。在伐木跡地，有 230 公頃的土地已耙過，以便種子能嵌入其中，較快地生長。

有 10 公頃的土地上播下了西伯利亞落葉松的種子，年輕的樹木長出了很不錯的嫩芽。這些，可為列寧格勒的建築用材提供準備。

人們還在計畫著種植另一種果樹，牠是含膠的灌木，名字叫瘤枝衛矛。

塔斯社 列寧格勒 訊

林中地盤的爭戰（接續春季篇）

小白樺的命運和小白楊差不多，牠們到最後都被雲杉弄死了。

現在雲杉在那片伐木跡地上獨佔鰲頭，已經沒有敵人了。我們的《森林報》通訊員只好搬到另一塊伐木跡地上去，還在前年，人們還在那裡砍伐過樹木。

在那裡，他們看到了雲杉。

那裡的雲杉是強大的，但牠們也有兩個弱點。

第一個弱點是，牠們紮在土裡的根，雖然伸得很廣，但是卻不深。到了秋天，在廣闊寬敞的伐木跡地上，狂風刮起來，許多小雲杉都被刮倒了，有的連根被拔了起來。

第二個弱點是，雲杉在很小的時候，還不夠健壯，很怕冷。

小雲杉樹上的芽全被凍死了，有些樹枝還很瘦弱，也被寒風吹斷了。

到了春天，在那塊土地上，很難再看到一棵小雲杉。

　　雲杉不是每年都結種子。雖然牠們有時勝利了，但勝利並不太牢固，因為有時候牠們會喪失戰鬥力。

　　第二年春天，那些草族又從土裡鑽出來，繼續向雲杉宣戰。

　　這一會，是草族和小白楊、小白樺大戰。

　　這時候的小白楊、小白樺都長高了，不費什麼勁兒就可以把那些野草從身上抖落下來。那些草因為得不到保護，很容易受到早霜的侵害。

　　小白楊和小白樺都長得很快，矮小的青草怎麼也追不上牠們。牠剛一出生，很快就有可能見不到天日。

　　每一棵小樹長到比青草高的時候，就會把樹枝伸開，把草蓋起來。白楊和白樺樹沒有雲杉那種針葉，不過，牠們的葉子很寬，樹蔭也很大。

　　如果小樹生得稀疏的話，草種族還能挺得住。可是，在整個伐木跡地上，小白楊和小白樺都是成群地生長。牠們一心一意進行著戰鬥，把手臂似的樹枝連接起來，一排排靠得很近。

　　這就成了一個嚴密的樹蔭了，青草在下面得不到足

夠的陽光只有死去。

　　過了不久，我們《森林報》的通訊員看到了結果，在開戰後的第二年，白楊和白樺勝利了。

　　我們《森林報》的通訊員又搬到第三塊伐木跡地上去觀察。

　　他們在第三塊伐木跡地上看到了什麼了呢？在下一期的《森林報》上將進行報導。

祝鈎鈎不落空

　　天氣與釣魚有關係的。在夏季，常常刮大風，暴風雨會把魚兒趕到深潭。

　　這時候就要明白，如果陰雨連綿，魚兒們會鑽到僻靜的水域，變得沒有精神。

　　在大熱天，牠們會尋找涼爽的地方，那裡有從地下冒出的清泉。魚兒只在清泉的早晨才會咬鈎，另外在傍晚牠們也會重新上鈎。

　　在夏季乾旱的時候，河流和湖泊的水位下降了，魚兒便躲到深潭裡。那裡的食物很少，如果能找到好的釣魚地點，在添加食料和誘餌的情況下，可以輕鬆地釣到魚。

　　最好的誘餌是大麻子油餅。將它在平底鍋裡煎過，然後在咖啡磨裡磨碎，再在研缽裡搗鬆，而後把牠滲進黑麥粉和煮爛的小麥、豌豆、大米、黑麥、燕麥、大豆顆粒裡，蕎麥和燕麥飯裡，牠就會使這些食物帶有新鮮的大麻子油的香味。水中的很多魚兒都喜歡這種氣味，

理當每天給牠們餵這些食料，使得牠們習慣於來這些地方。而且像狗魚、梭鱸魚、河鱸魚、赤梢魚等食肉的魚類也會隨之而來。

降雨和雷雨使水變得清新，這些也激起魚類的食欲。在霧散之後，在晴朗的天氣裡，釣魚就顯得容易。

根據氣壓錶，根據魚兒是否咬鉤，每個人都能學會預先判斷天氣的變化。

如果晚霞明亮深紅，表示空氣裡有大量的水蒸氣，不久就會下雨。如果晚霞的色彩是金紅色，表明空氣裡乾燥，最近幾個小時內不會降雨。

除了用漂鉤、用拋擲絞竿的方法釣魚之外，還可以用絞式釣具釣魚。這裡需要一根堅韌的繩索，用鋼絲或者細筋製作的鉤子，通過細鉤絲和牠相連，還要繫上魚形的金屬片。坐著小船，把釣竿伸向水裡，金屬片會在接近水底或一半水深的位置移動。

食肉魚發現自己頭頂上方遊來的金屬片，會認為牠是一條小魚，便衝過去將其一口吞下。

漁夫感覺到魚上了鉤，就會把繩索拉起。用絞式釣

具往往能釣到大魚。

在湖泊上用絞式釣具的理想地方是深潭，在深潭裡的岸邊長滿了灌木，堆積著很多樹木。在江河上，漁船應當在石灘和沙灘的上游和下游，沿著陡岸，沿著深且平靜的航道走。

用絞式釣具釣魚時，漁船要悄悄緩慢地前進，尤其是在無風的日子裡，因為這個時候，船在水面滑動的聲音，魚兒在不遠處即能聽見。

捉蝦

在 5 月、6 月、7 月和 8 月是捉蝦的好時節，但首先要瞭解蝦的生活。

小蝦是蝦子孵化出來的，蝦子在產下來之前，懷在雌蝦的腹足裡和尾巴下面的後肚裡。

每隻雌蝦最多有 100 粒蝦子，蝦子在雌蝦身上過一個冬天。

初夏，蝦子裂開來，出來的小蝦像螞蟻一樣大。古時候，一般認為只有聰明的人才知道蝦在什麼地方過冬。

現在，沒有人不知道蝦在河岸或湖岸上的小洞穴裡過冬。

蝦在生下來的第一年，要換 8 次甲殼；在牠們長大後，一年只需換一次。

牠們把舊甲殼脫去後，赤裸的蝦躲在洞裡，一直到身上的新甲殼長硬了才出來。許多魚都喜歡吃脫了甲殼的蝦。

蝦白天躲在洞裡，只要感覺有獵物出現，就會從洞裡爬出來捕食。在這個時候，可以看到從水底下冒出一串串氣泡，這是蝦呼吸出來的氣。水裡的小蟲、小魚都是蝦的美食，不過，蝦最愛吃的是腐肉。在水底，牠們很遠就能聞到腐肉的氣味。

這時候，若要捉蝦，就要用小塊臭肉、死蛤蟆、死魚什麼的，把牠們從蝦洞裡引出來，趁牠們徘徊的時候捉住牠們。

要把餌食繫在蝦網上，一定要使蝦不至於一進網就把網內的腐肉帶走。

用繩子把蝦網繫在長竿的一端，人站在河岸上，把蝦網浸到水底。蝦多的地方，就會有很多蝦鑽進網子裡。

　　還有一些捉蝦的方法，不過最簡單的方法是，在水淺的地方找到蝦洞，用手捉住蝦的背，把牠從蝦洞裡拖出來。有時候，會被蝦夾住手指頭，這時候不要害怕，不然就會鬆手讓蝦溜之大吉了。

　　如果隨身帶一口小鍋，還有蔥、薑和鹽，就可以在逮住蝦後於岸上煮開一鍋水，把蝦放進鍋裡拌上調味料來吃。

　　在暖和的夏夜，如果在小河或湖邊的篝火旁吃蝦，那味道、那意境一定美極了！

農莊裡的事兒

黑麥開花了，而且長得高過了人頭。田公雞和田母雞帶著小小的雛雞，在黑麥地裡走來走去。

那些雛鳥像黃色的小球在滾動，牠們從蛋裡跳出來，一個個來回走著。

現在是割草的時候。在農莊裡，有的人用手工割草，有的人用割草機割草。

機器揮動著空空的葉片，在草地上前進著，牠的身後留下了一排排整齊的野草，彷彿是用量尺量過似的。

菜園裡正長著綠油油的蔥，孩子們正在拔蔥。

森林的這個月，甜美的漿果已經成熟。現在是漿果最多的時候，黑果越橘 [4] 和水越橘 [5] 已經成熟；在沼澤地上，雲莓 [6] 由白色變成了綠色，然後變成了金黃色。姑娘們和小夥子們此時正在採摘。

但願他們多採摘一些，等到了家裡要忙碌的時候就沒有時間了，他們那時得挑水，給整個園子澆水，給菜地除草，忙得會不亦樂乎！

訴苦的牧草

　　牧草在訴苦，說莊員們正欺負牠們。牠們剛準備開花，有些已經開花了，沉甸甸的粉花掛在纖細的枝上。

　　這個時候，來了一批割草的人，把所有的牧草都齊根割了下來。牠們開不成花了，只能生長了。

　　《森林報》的通訊員把這件事情分析了一下，莊員們把牧草割下曬乾了，是為了給牲口儲備好準備吃一冬的乾草。因此他們把牧草割下來曬乾，這件事情做得很對，牧草無需訴苦！

4. 杜鵑花科落葉灌木，植株矮小。分佈歐洲大部分地區、亞洲北部自阿爾泰經貝加爾湖，東至堪察加。果較大，酸甜可食，成熟時藍黑色，外面被灰白色粉霜。
5. 直立型多年生矮灌木，高度 15～50 公分。漿果有蠟質表皮，球形或卵形，通常有點棱角；表面灰藍色，多汁，味道較淡。水越橘可單獨食用，也可用於煮粥、做湯或榨汁。它可以冷藏、風乾或榨汁保存，或烹製成果醬。
6. 薔薇科懸鉤子屬多年生灌木，分佈在北半球溫帶地方。雲莓是北方野莓中味道最獨特，最值得採集也最難採集的一種。

神奇的藥水

神奇的藥水噴到雜草上，雜草都死了。對雜草來說，這水是致命的。

可是神奇的藥水噴到禾苗上，禾苗卻長得很高，一片生機勃勃。對禾苗來說，這藥水是救命的。牠不僅對牠們沒有傷害，而且剷除了牠們的敵人——雜草。

小豬被曬傷了

在共青團集體農莊裡，有兩隻小豬在散步的時候，被日光曬傷了背，曬傷的地方起了水泡。

人們馬上請來了獸醫給小豬看病。

在這樣炎熱的天氣裡，是禁止小豬外出的，就連和豬媽媽一起出去都不允許。

度假客失蹤了

不久前來到集體農莊別墅度假的兩名女客,神秘地失蹤了。經過很長時間地尋找,才發現她們在三千公尺外的一個乾草垛上。

原來,她們迷了路。在她們早晨出去游泳時,發現亞麻地裡有一條路。她們準備回家,開始尋找亞麻地,卻沒有找到,於是就迷路了。

她們不知道亞麻在清晨開花,到中午就謝了,所以她們即使經過亞麻地,沒有了那些花她們也不知道是亞麻地了。

母雞的療養地

早晨,集體農莊的母雞動身去療養地。牠們這一次旅行要乘汽車,不過,還是住在自己的住宅裡。

母雞的療養地就在收割過的田裡。麥子割完了,只留下麥秸稈和落在地上的麥粒。為了怕這些麥粒白白被糟蹋掉,所以把母雞帶到這裡。

這裡成了一個臨時的母雞村,牠們把麥粒撿乾淨,又乘坐汽車,到另外的地方去撿新的麥粒了。

母羊們躁動不安

今天,母羊們顯得躁動不安,因為牠們的小羊羔被奪走了——莊員們不允許三四個月大的羊羔還跟在母親後面,所以把牠們跟媽媽分開,讓牠們獨立生活。羊羔們要獨立成群地被放牧。

樹莓、茶藨果和醋栗

漿果成熟了,有樹莓[7]、茶藨[8]果和醋栗[9],牠們要從集體農莊運送到城裡。

醋栗不怕路遠,牠說:「帶我去吧,我能支持得住。

7. 樹莓又稱樹「梅」,薔薇科懸鉤子屬植物,種類很多,一般指覆盆子。被世界糧農組織推薦為「第三代水果」,享有「黃金水果」之稱。覆盆子像迷你版的草莓,果實中空,內沿排列許多小籽,所以稱它為樹莓。果實易腐壞,比草莓更不容易保存,採收後最多只能維持 2～3 天,含有高量的抗氧化物及營養成分。
8. 茶藨,ㄔㄨˊ ㄇㄧㄠˋ,薔薇科懸鉤子屬空心泡的變種。落葉或半常綠蔓生灌木。小枝有刺。花是良好的蜜源,也可提煉香精油。果可生食或加工釀酒。
9. 醋栗又名燈籠果、錦燈籠、掛金燈、紅姑娘等,為茄科酸漿屬植物。其果實風味獨特、營養豐富,富含多種無機元素。不僅是加工飲料、果酒等飲品的好原料,而且是天然、綠色的原汁飲料,具有很好的保健功能。醋栗還具有很高的藥用價值。

越早叫我越好，我現在還沒有熟透，還是硬的。」

荼蘼果說：「把我包裝得好一點，我能達到目的地。」

可是，樹莓灰心喪氣地說：「別碰我，還是把我留在原地吧！我最怕的事就是顛簸，一旦顛簸，我可能就成為一堆漿糊了。」

魚類食堂

在五一這天，在集體農莊的魚塘上面，豎著幾根木椿，上面寫著：魚類食堂。每一個這樣的魚類食堂，都放著一張有圍邊的桌子，但沒有椅子。

每到清晨，木椿四周的池水就很熱鬧，是魚兒們在迫不及待地等著吃早飯呢！

魚兒的紀律很差，只見牠們推來扯去的，互不相讓。

到了七點鐘，廚房工廠用小船把雜草的種子製作的麵團、熟馬鈴薯、甲蟲乾和其他可口的食料運送到水下的魚類食堂。

這時候，食堂裡的魚多得不得了，在每一個食堂裡吃早餐的魚兒難以數得清。

一位少年自然科學家講的故事

在集體農莊的小橡樹旁，有杜鵑經常飛到這片林子裡來，牠們叫幾聲就不見了蹤影。

今年夏天，我常常可以聽到杜鵑的叫聲。而且在這個時候，集體農莊的莊員們把牛放到裡面去吃草。一天中午，一個牧童跑過來大喊道：「牛發瘋了！」

我們趕緊跟著跑過去看。原來，有一隻母牛簡直要造反了。牠到處亂跑，用尾巴抽打自己的背，稀裡糊塗地往樹上撞，一不小心就有可能粉身碎骨。

我們趕緊把牛趕到別處，正奇怪，這到底是怎麼一回事？

原來是毛毛蟲惹出來的。

在這樣的天氣裡，毛毛蟲像小野獸似的，一個個都爬滿了橡樹。有的樹枝已經光禿禿的，樹葉被牠們啃光了。毛毛蟲身上的毛脫落下來，被風吹得到處飛舞，刺傷了牛的眼睛。

這裡的杜鵑也不少，生平第一次見到這麼多的杜鵑。除了杜鵑之外，還有金色帶黑條紋的黃鸝和翅膀上有淡藍色條紋的紅色松鴉。周圍的鳥都飛到這片樹

林裡來了。

　　結果如何呢？你能知道答案嗎？所有的橡樹都挺了過來。不到十天，所有的毛毛蟲都被鳥兒吃光了。

　　鳥兒真是很棒，要不然，這片小橡樹林就完蛋了！

打獵的事兒

既不打野禽，也不打野獸

夏季打獵，既不打野禽，也不打野獸。說是打獵，倒不如說是進行一場戰爭。

在夏季，人類有很多敵人。譬如，一個菜園，種下了蔬菜，除了給牠澆水外，還要保護它們免受害蟲的侵害。

在田地裡，可以放稻草人，稻草人有助於把麻雀和別的鳥兒趕走。

在菜園裡，除了放稻草人，就是手持獵槍，如果不能用木棍把牠們趕走，往往會用獵槍。

對牠們只能用計謀，對付牠們需要有精準的眼光。牠們個頭不大，要用別的方法才能取勝。

會跳的敵人

蔬菜上出現了一種脊背上有兩道白條紋的小黑甲蟲，牠們在葉子上一跳一跳。看來，菜園要遭殃了。

菜園裡的跳蟲是可怕的敵人，牠們不到幾天的功夫，就有可能把菜園給毀掉。牠們把還沒有長好的嫩葉子吃得

七孔八洞，把葉子啃
成鋸齒似的。牠們像
在給葉子送終。

蘿蔔、冬油菜、
蕪菁和甘藍最擔心這
些跳蟲！

和跳甲蟲開戰

對跳甲蟲的開戰是這樣開始的，人們把帶有小旗子的
竿子作為武器，在小旗子的上面塗了膠水，只在下面的邊
緣露出大約七公分的空白。

他們把這樣子的武器帶到菜園，在菜地裡來回走動，
把小旗子在蔬菜上方來回掃蕩，使未塗膠水的下緣碰到跳
甲蟲。

跳甲蟲向上跳起時就會粘到膠水。但這時還不能甘休，

新的一批害蟲可能再度向菜園進攻。

應當在清晨的時候就早早起床，用細孔的篩子給蔬菜撒上草木灰、煙灰或熟石灰。

在大面積的農莊上，這不是手工操作的，而是飛機播撒的。

這些對蔬菜沒有損害，而跳甲蟲卻從菜園裡被趕走了。

其他敵人

蛾蝶也是一種對菜園不利的蟲，牠們會趴在菜葉上產卵，卵會變為青蟲，啃食菜莖。

最有害的蛾蝶，在白天出現的有：大菜粉蝶，這種蛾蝶很大，白翅膀上有黑斑點；蘿蔔粉蝶，顏色和大菜粉蝶差不多，只是個頭小一點。在夜裡出現的有，甘藍螟，牠們身子小，翅膀下垂；甘藍夜蛾，棕灰色，全身毛茸茸；菜蛾，這是一種淺灰色的蛾子，樣子像織網夜蛾。

和牠們作戰，不必帶武器，只要搜到牠們的卵，把卵按碎就可以了。另外，還可以向菜上撒上一些煙灰、爐灰或者熟石灰。

還有一種敵人，牠們直接進攻人類，這種敵人就是蚊子。

在死水裡，會有許多軟體蟲遊來遊去。還有許多看不清的小蛹兒，頭大得跟身子不相稱，這就是蚊子的幼蟲。在沼澤地裡，還有蚊子的卵，有些粘在一起，像小船似的浮在水中，有些會附著在沼澤地裡的草莖上。

兩種不同的蚊子

有兩種不同的蚊子。第一種是，牠咬人一口，人會覺得有點疼，接著起個紅疙瘩。這是普通的蚊子，並不可怕。還有一種蚊子，人被牠咬上了，會得「沼澤熱」，也就是痢疾。患了這種病的人，會一會兒熱，一會兒冷，而且程度都不淺。在冷的時候，會只打哆嗦，一兩天之後，又發起惡寒惡熱來。

從表面上看，這兩種蚊子長得很像，只是有害的母蚊子的吸管旁還有一對觸鬚。母蚊子的吸管上帶有病菌，牠咬人的時候，病菌就會進到人的血液裡去，破壞血球。

人類害怕被這種蚊子叮咬，而科學家用倍數很大的顯微鏡才能看到牠們的血液，明白這個道理，用肉眼是看不出來什麼的。

和蚊子鬥爭

用手是打不死所有蚊子的！這時就要用別的方法了。

先用一只玻璃瓶，從沼澤地裡舀一瓶有蚊子幼蟲的水，滴一滴煤油在這瓶水裡，看看會有什麼變化。煤油會在水裡漫開。蚊子的幼蟲會像小蛇似的扭動著身子，大腦袋的幼蟲一會兒沉到水底，一會兒又飛快地上升。

牠們用尾巴、小角想衝破那一層煤油薄膜。

煤油把水面封住了，不給牠們留有縫隙去呼吸。牠們都被悶死了。

人們往往採用這種方法或別的方法和蚊子作戰。

在沼澤地帶，蚊子更讓人討厭。因此，就需要往死水裡倒煤油。

一個月倒一次，就足以使那片水坑裡的蚊子斷子絕孫。

是猞猁把牛咬死的

在我們這兒，發生了一件前所未有的事。

牧人助手從牧場跑來，呼喊道：「一頭沒下過崽的母牛被野獸咬死了。」

大家一片驚呼，擠奶的婦女們竟哭了起來。

這頭被咬死的是一頭奶牛，還在展覽會上得過獎章呢！

　　大家都丟下手頭的工作，去看個明白。

　　在草原遠處的一個角落裡，躺著被咬死的奶牛。牠的乳房已被吃掉，後頸被咬破，其他的卻完好無損。

　　一個獵人說：「是熊幹的！因為只有熊咬死動物後會丟下牠，然後直到肉發臭了才回來吃。」

　　「一定是這樣！」另一個獵人附和著，「現在沒有其他的動物有這個能力了。」

　　「大夥兒都散了吧！」第一個獵人又說，「我們會在樹上按一個觀測台，說不定明天晚上熊還會來。」

　　這時，他們想起了第三個獵人。第三個獵人個子小，在人群中不顯眼。

　　「和我們一起坐下來看守好嗎？」前兩個獵人問。

　　第三個獵人走到一邊，仔細打量著地上，說：「不對，這不是熊！」

　　前兩個獵人聳了聳肩，隨他怎麼想吧！

　　人們四散離去，第三個獵人也走了，第一個、第二個獵人開始在就近的松樹上搭觀測台。

　　他們一看，第三個獵人帶著獵狗回來了。

第三個獵人又看了看四周，然後向森林中走去。

當天夜裡，前兩個獵人坐在觀測台上設伏。他們坐了一夜，並沒有見到熊出現。又坐了一夜，還是沒有。到第三夜，同樣沒有。前兩個獵人灰心了，彼此說道：「第三個獵人偵查到了我們沒有發現的東西，明擺著的事，熊沒有來！」

「那咱們問問他去？」

「問熊嗎？」

「為什麼要問熊？去問第三個獵人。」

「反正沒有辦法了，只有去問他了。」

他們來到第三個獵人的家，而第三個獵人剛從外面回來。第三個獵人把大袋子放到角落裡，開始清理著獵槍。

「你說的沒錯，熊沒來！到底是怎麼一回事？」前兩個獵人說。

第三個獵人問他們：「如果是熊咬死母牛，牠不會只吃牠的乳房的。」

兩個獵人彼此看了一眼：「熊很少做過這樣子的事。」

「那你們看到地上的腳印了嗎？」第三個獵人說。

「是的，我們看到了，那腳印的間距很寬，有半公尺

多。」

「那麼，爪印大不大？」

兩個獵人尷尬極了。

「腳印上沒有發現爪印。」

「問題就出在這兒，你們說是什麼野獸走路時把爪子收起來的？」

「狼！」第一個獵人說。

第二個獵人說：「不對，狼的腳印和狗的一樣，只是比狗的大一些，且比較窄。我覺得是貓，因為那些腳印是圓的。」

「這就對了，」第三個獵人說，「是貓把母牛咬死了。」

「你在笑我吧？」第二個獵人說。

第三個獵人說：「你們要不相信，看看袋子裡裝的是什麼。」

前兩個獵人只好揭開袋子，原來是一張有棕紅色花斑的大猞猁皮。

這表明了是猞猁把牛咬死的。

猞猁攻擊牛的事件一般很少見，可這事在我們這兒卻發生了。

來自四面八方的趣聞

這是列寧格勒廣播電視臺《森林報》的編輯部！

今天是 6 月 22 日夏至，是一年當中白晝最長的一天，我們設置了來自全國各地的無線電通報。

我們呼叫凍土地帶和熱帶沙漠地區，原始森林和草原地區，海洋和高山地區，請告訴我們，你們那裡正在發生著什麼？

北冰洋島嶼的無線電通報

你們說的是黑夜？我們忘記了什麼叫黑夜，什麼叫黑暗。

在我們這裡，白晝是最長的，牠長達一晝夜。太陽在天空有時升起有時降落，但是卻不會消失，這樣的情況持續了三個月。

天空難以變暗，我們這兒的野草正快樂地瘋長，不是按日計算，而是按小時計算，牠們從土裡鑽出來，長出了葉子，開出了鮮花。沼澤地裡長滿了苔蘚，連光禿禿的岩

石上也鋪滿了植物。

凍土帶也開始復活了。

在這兒，有美麗的蝴蝶和蜻蜓，有靈活的蜥蜴，沒有青蛙和蛇，也沒有那些曾在洞穴裡沉睡一冬的小獸。

像烏雲一樣的蚊蟲在凍土地帶上空嗡嗡鳴叫，但是這兒沒有殲滅那些傢伙。還有蝙蝠，牠們是來這裡度夏的，牠們只在傍晚和黑夜才出來捕食蚊子。

這裡的整個夏季既沒有黑暗也沒有黃昏。

在這裡的島嶼上，有不多的幾種野獸，只能看到身體和老鼠一般大小的短尾巴的兔尾鼠、雪兔、北極狐和馴鹿。有時也可以看到白熊經過這裡，牠們在凍土上轉悠一陣，去尋找自己的獵物。

在這兒，鳥兒卻多得數不清。儘管很多背陽的地方還積著雪，鳥兒們已經成千上萬地來到了這裡。之間有百靈、鵪鶉——所有會歌唱的鳥兒都飛來了。還有海鷗、潛水鳥、大雁、花魁鳥（又名簇絨海鸚，是海雀科的一種海鳥）和其他稀奇古怪的鳥兒。

一片叫聲、歌聲、吵鬧聲。在我們這個凍土地帶，甚至在光禿禿的山崖上都可以見到牠們的身影。牠們的家成

千上萬地排列在一起！就連岩石最小的凹陷處也成了牠們的家。這裡熱鬧非凡，簡直就是一個鳥類王國。

如果有兇猛的殺手膽敢靠近這個地方，鳥兒們就會像烏雲一樣撲到殺手身上，叫聲會震聾殺手的耳朵，直到把殺手趕走。

這是我們凍土帶上的歡快景象。

你可能會問，既然這裡沒有黑夜，鳥兒和野獸什麼時候休息和睡覺呢？

是啊，牠們幾乎不睡覺，因為牠們很少有時間去睡覺。牠們打一個盹兒就足夠了。牠們要給自己的孩子餵食，要築巢，要孵蛋，哪裡有那麼多時間睡覺啊？

至於睡覺，牠們會在冬天把一年的覺都補回來。

中亞沙漠的無線電通報

我們這兒卻正相反，大家都在睡覺。

我們這兒的天氣炎熱，太陽把植物都曬乾了，還不知道什麼時候能降雨。尤其令人驚訝的是，並不是所有的植物都被曬死。

刺駱駝草[10]的高度不到半公尺，牠有一個怪招，也就

是把根伸到地下五、六公尺深的地方以便吸收水分。還有一些灌木和草類，牠們不長葉子，反而長出綠色的細絲，這樣，牠們就可以減少水分的蒸發。梭梭樹¹¹是沙漠裡不高的樹木，牠的樹叢沒有葉子，只有細細的枝條。

當風刮過，沙漠上空就會塵煙滾滾，猶如乾燥的烏雲一般開始遮天蔽日。這時會聽到令人擔驚受怕的聲音，像千萬條蛇發出嘶嘶的叫聲。

10. 駱駝刺，又稱羊刺。豆科落葉灌木，是一種低矮的地表植物。主要分佈在內陸乾旱地區，被譽為沙漠勇士。因為它莖上長著刺狀、堅硬的小綠葉，故叫「駱駝刺」；但它畢竟是草本植物，是戈壁灘和沙漠中駱駝唯一能吃的、賴以生存的草，故又名「駱駝草」。有花內和花外兩種蜜腺，花外蜜腺泌汁凝成糖粒，稱為刺糖、刺蜜或草蜜，不但可食，還可入藥。它的根系十分發達，在春天多雨的季節裡吸足了的水分，可供一叢駱駝草一年生命之所需，所以它能在惡劣乾旱的環境中生長。

11. 梭梭樹，亦稱「鹽木」、「瑣瑣樹」，莧科梭梭屬植物。樹幹極硬，連斧頭也難砍斷，號稱植物中的鋼鐵。葉退化呈小鱗片狀。生存在沙漠邊緣，可迅速蔓延成片，有固定流沙的作用，是荒漠地區的生態保護樹種，沙漠造林的重要植物；燃燒時火力旺，為優質薪炭林；嫩枝可作飼料；樹根上寄生的蓯蓉是名貴中藥材。小灌木或成灌叢狀，樹高 3～8 米。它的種子，被認為是世界上壽命最短的種子，因為它只能活幾個小時；但是它的生命力很強，只要有一點點水，在兩三個小時內就會生根發芽。

不過這並不是蛇，而是梭梭樹的細枝在風中擺動發出的聲音。

在此時，蛇正在入睡。紅沙蛇已鑽到沙子下，睡得正香，牠們是黃鼠和跳鼠的天敵。

這些小獸也在沉睡。細腳黃鼠為了躲避日光，用泥塞住自己的洞口，白天都在裡面睡覺，只有在早晨的時候才會出來找食物吃。而為了找到沒有被曬乾的小植物，黃鼠要多睡一會兒覺，以培養充足的體力。

螞蟻、蠍子、蜘蛛、多足綱的昆蟲，都開始躲避炎炎烈日了。有的躲到了背陰處的泥土裡，只在黑夜裡出來，有的躲到了岩石下。這時，動作快的蜥蜴，動作慢的烏龜，都很少能見得到。

野獸們也遷徙到了沙漠的邊緣，因為那裡離水源很近。鳥類早已把雛鳥養大，帶著牠們飛遠了。那些還未動身的，只剩下飛得很快的沙雞了。沙雞要跋涉幾千公尺到最近的小河邊，飲飽喝足之後，在嗉囊裡灌滿水，再回到自己的窩裡給自己的孩子餵水。這對沙雞來說並不很困難，尤其是牠們的孩子學會了飛行，牠們就要搬家離開這個地方了。

對沙漠無所畏懼的是蘇維埃人，他們有著強有力的技

術做準備。在某些地方，他們開挖水渠，有時會從遙遠的山區引來水源，使得原本荒涼的沙漠變得綠樹和草地成蔭，在這裡，會看到花園和果園。

而沒有人去的地方，風就是那裡的主人。風掀起了一道道新月形的沙丘，驅趕著當地的生靈。但風最怕的還是人類。因為我們人類給風設置了邊界，開始在牠的不遠處植了樹木，這樣樹木可以防風，使得沙丘寸步難行。

沙漠裡的夏季不像苔原地帶的，雖然陽光充足，所有的動物都在睡覺，但到了黑夜，那些受盡太陽折磨的弱小生命，終於可以出來透一口氣了。

烏蘇里原始森林的無線電通報

這裡有很好的森林，牠不同於西伯利亞的原始森林，也不同於某些熱帶雨林。在這裡，有松樹，有落葉松，還有雲杉、闊葉樹。

這裡的野獸有，普通棕熊和黑熊、兔子、猞猁和豹子，馴鹿和印度羚羊，老虎、紅狼和黑狼。

這裡的鳥類有很多種：五顏六色的鴛鴦，白頭大喙的白鷳（ㄏㄨㄢˊ），嘎嘎叫的普通鴨，文靜溫和的琴雞，美麗

多彩的雉雞，灰色和白色的中國鵝。

在原始森林地帶裡，白天時悶熱、灰暗，陽光無法穿透茂密的樹冠。

這裡的夜晚很黑，白晝也很黑。

所有的鳥類此時都在孵蛋或者哺育幼鳥，所有的野獸幼崽都已經長大，正在學著覓食呢！

庫班草原的無線電通報

我們這裡，在一望無際的田野上，機器和馬拉收割機正在不停地忙碌著。列車把我們這兒生產的小麥運送到莫斯科、列寧格勒。

雕、鷹等一些大鳥，正在田野上空翱翔！

現在也是那些猛禽最適宜的捕食季節，牠們可以從很遠的地方就看出，黃鼠和倉鼠，老鼠和田鼠，是否出洞了，然後牠們就可以在莊稼都收割了的空地上迅速撲過去，抓住那些有害的小獸。之所以說牠們有害，是因為牠們吃掉了很多麥穗，幸好有大鳥，不然牠們不知要在地下的倉庫裡存上多少麥粒。

除了那些猛禽可以消滅有害的小獸之外，狐狸也在割

過莊稼的田裡捕鼠，白鼬也在盡情地消滅著那些有害的小獸。

阿爾泰山的無線電通報

在幽深的谷地，會很悶熱也很潮濕。在陽光的照耀下，早晨的露水蒸發得很快。傍晚，水蒸氣向上騰起，給山崖帶來了濕氣，那些濕氣冷卻下來變成繚繞山巔的白雲。如果抬頭看去，能看到高山上雲霧彌漫。

到了白天，太陽把水蒸氣變成了水滴，於是，大雨從天空而下。

此時，山頂的積雪正在融化。只有在很高的雪山上，那些積雪還保留在那裡，我們可以稱之為冰川。在冰川的世界，氣候非常寒冷，即使是陽光充足，牠們也不會消融。

在冰川的下方，往往會有雨水和積雪帶來的水流。那些水流匯成一條條溪澗，從山崖上直瀉而下，然後流入大河。

這是一年中河流由於大量來水的第二次猛漲，河水會溢出兩岸，在谷地裡氾濫。

山區有很多動植物。在山坡上是原始森林，原始森林

上面是草甸[12]，再往上走有苔蘚和地衣。這是溫度造成的不同植被生態。

在極高的山巔，沒有野獸、鳥類生活，只有雕和禿鷲會飛到那裡，牠們在雲端俯視，觀察下面的獵物。

在地面和山坡有很多房屋，像是安營紮寨似的，都佔據著自己的位置、自己的高度。

野公山羊此時爬得很高，牠們會登上光禿禿的山崖，比牠們低一點兒的是母羊和小羊羔，還有雪雞。

在高山的牧場，有直角的高山綿羊，還有雪豹。另外，有草原旱獺[13]和許多鳴禽。在牠們下面的原始森林裡有沙雞、熊、鹿和松雞……

以前只在谷地裡播種糧食，現在越來越高的山區也被開墾，在開墾這些山區時，不用馬耕地，而是用犛牛去耕。

我們也投入了很多的勞動，以便能獲得更好的收成。我們的付出得到了回報，收穫了大量的糧食！

海洋的無線電通報

俄國瀕臨三個無邊無際的大洋，東面是太平洋，西面是大西洋，北面是北冰洋。

我們乘船從列寧格勒出發，途經芬蘭灣和波羅的海，就到達了大西洋。在這裡，我們會見到很多外國的船隻，有瑞典的、芬蘭的、丹麥的、瑞士的，有漁船、客船和商船。牠們在這裡大部分等待捕捉鯡魚和鱈魚。

出了大西洋，我們來到了北冰洋。我們沿歐洲和亞洲的航線，走上了北方航線。這是我們的大洋和我們的航線，它是由我們國家的航海家們開闢的。以前這裡到處是堅冰，充滿了死亡的陷阱，現在會有一支支船隊，在破冰船的帶領下，在這條航線上航行。

此處人煙稀少，很少能看到人住的地方，但可以看到一些景觀。從左邊漂來的是墨西哥灣的暖流，這裡可以看到移動的冰山，在陽光的照耀下顯得特別刺眼，在這裡可以從水中捕撈出鯊魚、海星。

---

12. 草甸：是在適中的水分下發育、以多年生草本植物（中生植物為主）為主體的植被類型。與草原的區別在於草原是以旱生草本植物為主，為半濕潤和半乾旱氣候下的地帶性植被；草甸屬非地帶性植被，可分佈於不同植被帶內——北自歐亞大陸、北美洲、凍原帶，南至南極附近的島嶼均有草甸出現。典型的草甸在北半球的寒溫帶、溫帶廣泛分佈。其類型有：真草甸、草原化草甸、沼澤化草甸、鹽生草甸、高寒草甸。
13. 旱獺又名草地獺，屬齧齒目松鼠科旱獺屬，為松鼠科中體型最大的一種，是陸生和穴居的草食性、冬眠性野生動物。以禾本科、莎草科及豆科的根、莖、葉為食，偶亦食小動物。

沿著這股暖流向著北極，會遇到在水面上靜靜移動、開裂又合攏的巨大冰原。飛機在偵查著，向船隻通報何處可以在冰隙間前行。

在北冰洋的島嶼上，會看到很多換毛的鴻雁，牠們此時羽毛正在脫落，所以還不能飛行，處境比較危險。人們會把牠們驅趕進周圍的柵欄裡。

在周圍，還有長著獠牙的海象，牠們正浮在冰面上休

請不要掏鳥窩

我們這裡的小朋友，常常喜歡掏鳥窩。他們只是淘氣才這麼做的，但他們有沒有想過，他們這樣做會使自己和祖國蒙受到多大的損失？據科學家說，每一隻鳥都可以在夏天給樹林和農田帶來好處。每一個鳥窩裡有幾個到幾十個鳥蛋，你可以算算，毀掉一個鳥窩，會帶來多麼大的負面影響。

息。還可以看到各種各樣的海豹，有冠海豹、大海兔。牠們會忽然在頭上鼓起一個皮袋子，彷彿戴上了一個頭盔。還有，可以看到滿口利牙的虎鯨，牠們以鯨和鯨魚的幼仔為食。

不過，這時候不談鯨，因為當進入太平洋的時候，牠們的數量會多得很多！

來自全國各地的夏季無線電通報至此結束！

下一次我們將在 9 月 22 日開始廣播。

宣傳保護鳥類

我們大家來組成一個愛鳥保護隊，不許任何人去掏鳥窩。不讓貓咪跑到那裡去把鳥兒趕出來。我們得向所有的人宣傳，為什麼要保護鳥類，鳥類是怎樣出色地保護我們的森林、田野和果園。我們要拯救鳥兒，牠們是害蟲的剋星，是我們的朋友。

FIVE
鳥兒出世月
夏季第2月

盛夏的七月

7 月是盛夏的月份，它不畏疲憊，收拾著一切。它讓燕麥穿上了長袍，讓黑麥向大地鞠躬彎腰，讓蕎麥準備用襯衫把身體包裹。

植物開始成熟，我們把黑麥和小麥作為儲藏。乾草也被收割，在森林裡和草地上，一個個如山的草垛正拔地而起。

小鳥們開始沉默，牠們不再歌唱了。在牠們的鳥巢裡都是雛鳥，正嗷嗷待哺。牠們的父母只有長久地操勞，雛鳥才能吃飽，及時長大。

大地、森林、水，還有空氣，都充滿了幼小生命所需要的食物，牠們開始盡情享用。

森林裡有很多小果實，有草莓、黑果越橘、水越橘、漿果。在北方，到處是雲莓，在南方的果園裡，有麝香草莓、櫻桃、歐洲甜櫻桃。

草地脫下了自己綠色的盛裝，換上了洋甘菊色的白衣，白色的花瓣反襯著炙熱的陽光。

太陽在這個時節也會盡放光芒，而且有可能會把它們灼傷。

林裡的大事兒

森林裡的小孩子

在羅蒙諾索夫城[14]外的森林裡，有一隻雌駝鹿，牠今年生下了一隻小駝鹿。

白色尾巴雕的家也在這片森林裡，在牠們的家裡有兩隻小雕。

黃雀、燕雀、黃，已經各孵出了 5 隻小鳥，啄木鳥也孵出了 8 隻雛鳥。長尾巴的山雀孵出了 12 隻雛鳥。

在棘魚的家裡，每一顆魚子都孵化出一條小棘魚。在一個棘魚窩裡，往往有 100 條小棘魚。

一條鯿魚（鯉科魚類，生活於湖泊區，以水生植物為食）下的卵，孵化出的小鯿魚有幾十萬條。

---

14. 羅蒙諾索夫是聖彼得堡下轄的一個城市，位於聖彼得堡市西 40 公里處的芬蘭灣南岸，背靠茂密的山丘森林，面對遼闊的大海。在 1948 年前稱為橘樹鎮，因此的有橘樹宮的溫室。今名是紀念俄羅斯科學家米哈伊爾．羅蒙諾索夫。羅蒙諾索夫城所在地最早是彼得大帝作為封地劃給他的親密戰友、俄軍大元帥緬希科夫。由於這裡氣候宜人，風景秀麗，又擁有大片 18 世紀皇家園林和無與倫比的宮殿，此城已成為俄羅斯重要的旅遊勝地。

一條鱂魚（即鱈魚），牠的孩子更是多得不計其數，可能有幾百萬條。

沒有媽媽照顧的孩子

鯿魚和鱂魚不會照顧牠們的孩子，牠們生下魚卵就遊走了。小魚是怎麼孵化出來的，怎樣過日子，怎樣找東西吃，都完全憑自己的直覺。要知道，牠們的媽媽有幾十萬個、幾百萬個孩子，根本無法照顧牠們啊！

一隻青蛙會有一千個孩子，牠也不管牠的孩子。

沒有父母的照顧，孩子們的日子不好過。水底會有很多壞傢伙，牠們喜愛吃美味的魚子（魚卵）和青蛙卵，以及鮮嫩的小魚和小蝌蚪。在小魚長成大魚，蝌蚪長成青蛙之前，牠們要經過很多的磨難。牠們有不少會被人家吃掉，想起來就令人膽戰心驚。

很操心的母親

母馳鹿和所有的小鳥，則稱得上是盡責的母親。

母馳鹿為了自己的孩子會獻出性命，要是有熊向牠們攻擊，母馳鹿會前後開弓，四腿又蹬又踢，以便將熊趕走。

有一次，我們《森林報》的記者在田野裡碰見一隻小鳥，牠看到有人類，馬上躲進了草叢。但還是被記者給捉住了，牠拼命地嘰嘰叫。不知從哪裡飛來了牠的母親。牠的母親看到自己的兒子在人類的手上，急得團團轉，咯咯地叫了起來，匍匐到地上，拖著一隻翅膀。

我們《森林報》的記者以為牠受傷了，就放下了小鳥，去看母鳥。

誰知，母鳥快要被抓住的時候，牠忽的一下站立了起來，然後快速地逃到了附近的草叢中。記者過去草叢裡找，牠卻拍動著翅膀，若無其事地飛走了。

記者又回來找小鳥，小鳥也已經不見了蹤影。這是母鳥為了救自己的兒子，故意裝作受傷，把人類的注意力從兒子身上移開的調虎離山之計。

牠對自己每個小寶寶都關懷備至，聽說這種鳥兒有 20 個孩子。

不停勞動的鳥兒

天剛放亮，鳥兒就起飛了。

椋鳥每天勞動 17 個小時，家燕每天勞動 18 個小時，雨燕每天勞動 19 個小時，朗鵒（台灣叫黃尾鴝）每天勞動超過 20 個小時。

我驗證過，的確如此。

牠們每天勞動那麼長的時間可是很累的！

雨燕每天要飛回巢 30 至 35 次，給牠們的孩子送食物，才可以把牠們的孩子餵飽。椋鳥給牠們的孩子送食物，每天要送 200 次左右，家燕要送 300 次左右，朗鵒要送 400 次左右。

一個夏天，牠們在森林裡消滅的有害昆蟲和幼蟲多得數不清！

牠們一直在不停地勞動著！

森林通訊員　尼・斯拉德科夫

98

鵚鵊和沙錐孵出了什麼樣的雛鳥

我們來到了鵚鵊（音ㄊㄧ/ㄌㄧㄢ。鷹的一種，又名鷙。視力甚強，善捕野鼠。）的家，小鵚鵊從蛋殼裡出來的時候，嘴上有一個小白疙瘩，那是「鑿殼齒」，小鵚鵊就是用這種玩意鑿破蛋殼出來的。

小鵚鵊長大了，是很兇猛的動物，小獸見了牠們，會怕得心驚膽戰。

不過，牠們還是小不點的時候，渾身絨毛，眼睛也是半瞎著。牠們是那樣的嬌弱，寸步不離開自己的媽媽。要是爸爸媽媽不餵牠們東西吃，牠們就會活活餓死。

在小鵚鵊裡，也有蠻不講理的小傢伙。牠們一從蛋殼裡鑽出來，就馬上跳起身子，先站得穩穩的，牠們會自己給自己找東西吃。牠們不怕水，不怕敵人，遇到敵人時會躲藏起來。

而小沙錐（鷸科沙錐屬的鳥類，多生活於淺水區，如台灣常見的田鷸），牠們出蛋殼才一天，就可以離開巢，自己找東西吃。

沙錐之所以會生下那麼大的蛋，是因為小沙錐要在蛋殼裡長得壯實一些。

還有其他的小鳥也挺蠻橫的，有的一出生就會撒開腿拼命地跑。像小野鴨——秋沙鴨[15]，牠一出生，就會一拐一拐地走到小河邊，撲通一聲跳進小河游泳。牠一會兒潛水，一會兒在水面上欠身，一會兒伸懶腰，看樣子牠什麼都會，就和大野鴨一樣。

旋木雀[16]的孩子也很嬌弱，牠要在巢裡待了兩個星期後才能飛出來，蹲在樹墩上。你看看現在牠多神氣，正鼓著嘴巴等待著媽媽來餵牠呢！

牠出世三個星期了，還是啾啾地叫著，讓媽媽往牠嘴裡塞青蟲和別的好吃的東西。

島上的殖民地

在一個島嶼的沙灘上，有很多小海鷗在那裡避暑。

晚上，小海鷗躺在小沙坑裡，一個沙坑只能睡三隻小海鷗。

沙灘上有很多小坑，那些小坑就像海鷗的殖民地。

白天，小海鷗由爸爸媽媽帶領著學習飛行、游泳和捉小魚。

爸爸和媽媽一邊教牠們一邊保護著牠們，隨時都小心

翼翼。要是有敵人來侵襲，牠們會成群地飛起來，大吵大叫著向敵人撲過去。這個勢頭，誰見了都會害怕。連島上力大無比的白尾巴雕，也會倉皇逃走的。

一種很漂亮的鳥

我們收到全國各地的來信，有一封信寫到遇見一種很漂亮的鳥兒的事。

在這個月，在莫斯科郊外、阿爾泰山地區、卡馬河畔[17]、波羅的海、哈薩克斯坦、雅庫特[18]，這種鳥非常常見。

牠們是漂亮溫和的，即便是離人類只有五步遠，牠們也會毫無戒備地飛到人類身邊，而且一點兒也不害怕。

---

15. 秋沙鴨，主要棲息於闊葉林或針闊混交林的溪流、河谷、草甸、水塘以及草地。亦稱廢物鴨、鋸喙鴨或魚鴨。
16. 俗名爬樹鳥，體長約 15 公分，較麻雀瘦小，似啄木鳥，嘴細小下勾；尾羽堅硬、楔形，爪長，能沿著樹幹作螺旋式攀爬，在樹幹上捕捉昆蟲為食，築巢於裂開的樹皮縫隙中。分佈於歐亞大陸及北美洲。
17. 卡馬河：Kama, 源出上卡馬高地，中游流經烏拉爾山，曲折向西南注入窩瓦河（伏爾加河）中游的古比雪夫水庫。全長 1,805 公里。為俄羅斯最重要的河流之一，歷史上是前往烏拉爾山區和西伯利亞的通道。
18. 雅庫特，又稱薩哈共和國〔The Sakha（Yakutia）Republic〕，面積 310 萬平方公里，是前蘇聯最大的行政區，也是礦物資源最豐富的地區，首府亞庫次克（Yakutsk），位於俄羅斯遠東地區。其人口數少於一百萬人，是全俄羅斯人口密度最低的地區之一。

其餘的鳥類現在都在自己的窩裡孵化著小鳥，而這些鳥卻成群結隊地聚集在一起，在全國各地飛行。

這些色彩鮮麗的鳥是雌鳥，灰不溜丟的鳥是雄鳥。

讓人奇怪的是，這些雌鳥並不關心自己的孩子。在遙遠的北方，在凍土地帶，牠們在坑裡產下鳥蛋就飛走了，只有雄鳥留在那裡孵蛋，保護和哺育著小鳥。

這簡直就是雌雄顛倒嘛！這種鳥兒的名字叫做紅頸瓣蹼鷸。現在可以隨處碰見這種鳥，牠們今天在這裡，明天就可能飛到那裡。

別人遺棄的孩子

鶺鴒在剛被瘦小的母親孵出來時，是光身子的小鳥。這不，有六隻小鶺鴒出生了。五隻是像模像樣的小鳥，第六隻卻長得很奇怪，牠腦袋大大的，蒙著一層膜的眼睛鼓鼓的，青筋嶙嶙，顯得五大三粗，當牠把嘴張開時，會讓人覺得很害怕，因為牠張開的嘴像個沒有底的洞。

第一天，牠在窩裡躺著。當母親帶著食物飛近時，牠就會仰起沉甸甸的大腦袋，有氣無力地鳴叫著，同時張開自己的嘴巴，等待著餵食。

第二天，父母出去覓食，牠開始行動了。牠低著頭，在窩裡把兩條腿大大地分開，然後往後退。牠撞到了兄弟們的其中一個，就把身子往牠下面拱，然後用光禿禿的翅膀抱住這個兄弟，背著其他的兄弟向窩的邊緣不斷地後退。

那個小兄弟又弱又瞎，被牠像鉗子一樣夾緊時拼命地掙扎，可是牠用頭和腳抵著，將小兄弟越抬越高，直到把小兄弟推到巢的邊緣。牠開始鬆了一口氣，忽然將屁股一撅，牠的小兄弟從窩裡跌了出去。

由於鶌鴒的窩在河岸邊的懸崖上，那個小兄弟掉了下去，唯一的可能就是被摔死了。

牠也差一點兒從窩裡掉下去，現在窩正在不停地搖晃，但牠努力地站穩了。

這件可怕的過程持續了不到兩三分鐘。接著，牠在窩裡一動不動地躺了大約十五分鐘。

父母飛回來了，牠又張大著嘴巴要吃東西。

吃完了，牠又開始湊到另一個小兄弟身邊去。

牠做這件事情顯得輕而易舉，就算小兄弟拼命地掙扎，牠還是不停地做著。

五天以後，當牠睜開眼的時候，發現窩裡只有牠自己，

因為牠的小兄弟們都被牠拋到窩的下面摔死了。

牠出生後的第十二天，身上長滿了羽毛，這時人們才明白，原來牠不是小鶺鴒，而是別人遺棄的孩子——杜鵑。

牠那麼可憐巴巴地叫著，養父母們不捨得牠被餓死。

養父母們自己過著忍饑挨餓的日子，牠們從日升到日落，都在為小杜鵑送來肥壯的毛蟲，把頭深入小杜鵑寬大的嘴巴，將食物送進小杜鵑永不滿足的喉嚨裡。

到了秋天，小杜鵑長大了，牠張開翅膀頭也不回地飛走了，一輩子再也沒有與養父母見過面。

小熊洗澡

有一天，一位獵人沿著小河的岸邊走著，忽然聽到一種驚天動地的聲音，他嚇了一跳，趕緊爬上了樹。

這時候，從叢林裡出來了一隻大母熊，在大母熊的後面有兩隻活蹦亂跳的小熊，還有一個一歲大的熊小夥子，牠是兩個小兄弟的保姆。

熊媽媽坐了下來，熊小夥子咬住一隻小熊頸後的皮毛，把牠叼了起來，往河水裡送。小熊四腿亂蹬，尖叫著。熊小夥子還是緊咬著不放，直到把小熊浸到水裡，洗得乾乾

淨淨，牠才甘休。

　　另外的一隻小熊因為怕水冷，一溜煙地跑進森林裡去了。熊小夥子追上去，打了牠一巴掌，照樣把牠叼來銜進水裡。

　　洗著，洗著，熊小夥子一不小心，把小熊掉下來了。小熊大叫起來，熊媽媽趕緊跳下水去，把小熊拖上岸，然後打了熊小夥子幾巴掌。

　　兩隻小熊上了岸，牠們在抖一抖身上的毛，覺得洗得很痛快。火一樣熱的天氣裡，牠們穿著毛茸茸的大衣，正熱得要命呢！剛才在水裡洗了一下，牠們涼快多了。

　　洗完澡後，熊媽媽又帶著孩子們回到森林裡去。這時候，獵人才從樹上爬下來，回家去了。

漿果

漿果成熟了，在花園裡，人們正在採摘馬林果[19]，還有醋栗等。

馬林果樹在樹林裡找得到，牠以灌木叢的形式生長。如果走進樹林，腳下是喀嚓喀嚓的斷裂聲，這往往是馬林果的莖幹。這些莖幹從地下根狀莖上長出，新莖會代替那些被踩斷的莖。這些莖幹枝繁葉茂，綴滿了花蕾，到明年的夏天就可以開花結果了。

在小丘上和灌木叢裡，在樹樁邊的伐木跡地上，越橘正在成熟著，漿果的一側已經開始紅了。

這些漿果生長在越橘莖的頂端，有的樹叢上長滿了密密的、沉甸甸的果子，把莖幹都壓彎了。

如果把這樣的灌木移植到家裡，牠們結的漿果是否會更大呢？

---

19. 馬林果（*Rubus saxatilis Levi*），中文學名：石生懸鉤子，薔薇科懸鉤子屬，又名樹莓、托盤、覆盆子，俄羅斯也稱「紅莓」。多生長於高緯度、高海拔地區的石礫地、灌叢，或針、闊葉混交林下。落葉灌木，高 1 ～ 2 公尺。全株及果實均可入藥。果含高糖、低酸，有豐富的蛋白質、有機酸、果膠、礦物質、維生素等。果香濃郁、甘美。食用馬林果可以改善胃、腸道功能，還能抗菌、鎮痛、解熱、祛痰，促進新陳代謝。

在目前的環境下移植越橘，是很少能成功的。越橘是一種很有意思的漿果植物，牠的果實能在過了一冬後仍然可以食用。

為什麼越橘不易腐爛呢？因為牠經過了防腐處理。牠含有苯甲酸，苯甲酸可以使漿果防腐。

H・帕甫洛娃

大貓的養子

今年春天，我家的貓生了幾隻小貓，後來小貓都送人了。恰好就在小貓都送走後的最後一天，我在樹林裡捉到了一隻小兔子。

我把小兔子放到大貓身邊，大貓的奶水很多，所以牠很樂意餵小兔子。

小兔子就吃著大貓的奶漸漸地長大了，牠和大貓的關係很好，有時候也會在一起睡覺。

讓人捧腹大笑的是，大貓教會了牠的養子小兔子跟狗打架。只要有狗跑到我家的院子來，大貓馬上撲過去，拼命地亂抓。小兔子也舉起牠的兩隻前腳向狗身上撲去，打得狗毛直飛。

我鄰居家的狗都害怕我家的大貓及牠的養子——小兔子。

小轉頭鳥的詭計

我家的貓發現了一個樹洞，便想那裡是一個鳥窩。牠很想吃小鳥，就爬到了樹洞旁，當牠把頭探進樹洞裡時，看到了幾隻像小蝰蛇的動物發出嘶嘶的聲音，牠害怕極了，

立刻從樹上跳了下來，拼命地跑。

　　其實，樹洞裡並不是小蝰蛇，而是轉頭鳥（鵐[20]）的幼鳥，這是牠們在保護自己時施展的詭計：牠們會把腦袋轉來轉去，脖子扭來扭去，並發出像蛇一樣的聲音。任誰見了都以為是有毒的蝰蛇，小轉頭鳥就靠著牠的模仿躲過了敵人。

當面的騙局

　　一隻鵰鶹發現了一隻琴雞帶著一群小琴雞，牠想：這回我可以飽餐一頓了。牠看準了小琴雞，正想從半空中撲下去，卻被琴雞發現了。

　　琴雞尖叫一聲，小琴雞噗的一聲都不見了。鵰鶹看不到小琴雞，只好去找別的東西吃。

　　琴雞又叫了一聲，那些小琴雞又跳了起來。

　　牠們並沒有逃跑，只不過是躺在那兒，身子緊貼著地面而已。牠們的羽毛黃絨絨的，顏色跟樹葉、青草、土塊差不多，所以逃過了鵰鶹的捕食。

可怕的花朵

蚊子在沼澤地的上空飛來飛去，當累了就要喝一點什麼。牠看到了一朵花，花的莖是綠色的，上面有一個白色的小鈴鐺，在下面有一些像蠟燭盤一樣的紅色葉子，葉子上還有像眉毛、睫毛一樣的毛，在毛毛上面是亮晶晶的露水。

蚊子飛到葉子上，把吸管插到露水裡，誰知露水又稠又黏，把蚊子的吸管給黏住了。

忽然，毛毛動了起來，像觸手一樣伸長了，捉住了蚊子。圓圓的葉子開始合攏。

當葉子重新展開的時候，蚊子的空殼掉到了地上，牠已經被花兒吸乾了體液。

---

20. 鳲，音一ㄠˇ。鳥名，古代稱鳲頭，即「魚鴞」。潛鳥科的潛鳥（Divers）。因為腳的位置接近尾部，故步行極笨拙。世界上共有四種，是地球上出現歷史較早的鳥類，分佈於北半球北部。在中國四種均有紀錄，分佈於臺灣者為其中體型最小的紅喉鳲（Gavia stellata），體長約 53 ～ 60 公分。鳲的潛水能力強，通常在水面的游泳速度約秒速 2 公尺，潛行速度約 2.7 ～ 3.1 公尺。越冬期大抵在海上生活，會將腹部朝上，以尾腺分泌的脂肪整理羽毛。遷移時飛行快速，直線前進。雛鳥誕生即能游泳，休息時臥於親鳥背上。

這可怕的花朵叫茅
膏菜，牠會捕住小昆蟲
並把小昆蟲吃掉。

小青蛙和小北螈打架

　　住在水下面的動物也喜歡打架，就像陸地上的動物一樣。

　　這不，有兩隻小青蛙遊到了池塘的水底，看到了一個瘦瘦長長、怪模怪樣、有四隻短爪子的小北螈。

　　一隻小青蛙笑著說：「這可笑的醜八怪，我一定要教訓牠！」於是，牠游過去抓住了小北螈的尾巴，另一隻也游過去，抓住了小北螈的前腿。

　　牠們用勁一甩，腿和尾巴都留在了那兒，小北螈卻逃走了。幾天後，小青蛙又在水底遇見了這條小北螈。現在牠已經長得更難看了，在尾巴的位置上長出了一隻爪子，在斷了爪子的地方長出了尾巴。

　　北螈是一種會再生尾巴和斷肢的動物，只是有時會亂了章法，例如，在斷肢的部位長出了本來不該長在這兒的東西。

是水幫助了播種

我忽然想起了景天[21]開花的樣子，我非常喜歡景天，喜歡它那肥厚鼓脹的灰綠色的葉子，它們在莖上長得密密麻麻。景天的花很好看，活像一個個鮮亮的小五角星。

不過現在很少有花了，因為在花的地方出現了果實，果實也是扁平的小五角星。它們緊緊地閉著。

景天的果實在晴天裡是閉著的，不要認為閉著的果實不成熟。

現在我想讓它立刻張開，就從水窪裡先取來了少少的水，用一滴水滴在小五角星的中央，果實的葉瓣即刻開始展開，露出了種子。

這些種子和很多植物的種子一樣，遇到水時它們並不躲避，而是出來迎接。再滴上兩滴水，種子就會漂起來。水會拖著它們，將它們帶走去播種。

是水而不是風，也不是鳥，幫助景天傳播種子。

我在懸崖峭壁裡的縫隙裡見過景天，是雨水在峭壁上流過時，把景天的種子帶到了這裡。

H.·帕甫洛娃

潛鴨

　　我到湖裡去洗澡的時候，看到潛鴨媽媽正在教自己的孩子從人的身邊游開。潛鴨媽媽像一隻小船浮在水上，而牠的孩子正在紮猛子（游泳時，頭向下鑽入水裡）。小潛鴨潛入了水中，潛鴨媽媽就游到牠們下潛的位置，四下裡觀望。當小潛鴨又浮出水面，游進蘆葦，我便開始洗澡。

別具一格的果實

　　能結出別具一格果實的老鸛草[22]是一種雜草，它生長在菜園裡。表面上很粗糙，開的花像馬林果的花。

　　現在一些花已經凋零了，在原來花開的地方，每一個花萼上豎起了一個「鶴嘴」。每一個鶴嘴有五顆靠尾巴連接的果實。鶴嘴很容易裂開。

---

21. 景天，多年生肉質草本或低矮灌木，表皮有一層厚臘質，氣孔下陷，可減少水分蒸發，是典型的旱生植物，無性繁殖力強。分佈於北半球大部分區域，多見於溫暖乾燥區。
22. 老鸛草，為一年生或多年生草本植物，少數為灌木。該類植物約有 400 種，主要分佈於全球溫帶及熱帶地區。其果為蒴果，具長喙，有五個果瓣，每個果瓣有一種子，果瓣在喙頂部合生，成熟時沿主軸從基部向上端反捲開裂，彈出種子或種子與果瓣同時脫落，附著於主軸的頂部。

這種老鸛草的果實，頭尖尖的，渾身剛毛並長著小尾巴。長在末端的小尾巴像鐮刀似的，下面捲成螺旋狀，這個螺旋狀的尾巴碰到潮濕時會展開。

我把一顆果實放在手裡，對它哈氣。它開始旋轉，並發出聲音。隨後，它展開變直，但不一會兒，它又捲了起來。

它為什麼要這樣做呢？原來果實在下落時會扎進土裡，可是它的小尾巴卻用鐮刀形的末端鉤住了小草。

在潮濕的天氣裡，螺旋狀的東西展開了，頭尖尖的果實也扎到了土裡。

它不是沒有退路，小剛毛不讓它回去，它們只有向上豎著，在土裡撐住。

這是它們狡猾的招式，它們把種子栽到了地裡。

至於老鸛草的小尾巴有多麼敏感，從以下這一點可以看出：它曾經被人們用作比重計，來測量空氣的濕度。只要將果實固定不動，小尾巴就能發揮指針的作用。它會上下運動，就能指示刻度，告訴人們濕度有多少。

H.·帕甫洛娃

116

小鷿鷉

我在河岸上走著，看到水面上有一種小鳥。說牠是野鴨，和野鴨有差別，說牠是野禽吧，又不知是何種野禽。

牠到底是什麼？野鴨的嘴是扁的，牠的嘴是尖尖的。

我脫下衣服，跳進水去追牠們。牠們躲開了，爬到對岸。我追了過去，眼看即將逮住牠們，卻又逃回水邊。我在追過去，牠們又逃開了。牠們引我順流而下，可把我累壞了。到最後還是沒有逮住牠們。

後來，我又見過牠們幾次，不過，我沒再下水追牠們。因為我知道了，牠們不是小野鴨，而是鷿鷉的幼鳥──小鷿鷉。

夏末的鈴蘭

8 月 5 日，我家花園裡小溪的對面長著鈴蘭。鈴蘭 5 月開花，是我最喜歡的花。

我之所以喜歡鈴蘭，是因為牠質樸無華，鈴鐺似的花朵白得像雪，翠綠色的花梗很柔韌，長長的葉子很秀雅，牠是那麼的清純和充滿朝氣；但牠的香味會令人心蕩神馳。

春天裡，我跑過小溪去採鈴蘭，把新鮮的花束帶回家，

插在水裡，小屋裡就洋溢著牠的清香。

在列寧格勒的郊外，鈴蘭在 6 月開花。

而現在是夏至，鈴蘭花給我帶來了新的快樂。

偶然間，我在牠尖頭的大葉子下發現了紅紅的東西。我跪下來展開牠的葉子，葉子下面有一顆顆橙紅色的小果實。小果實像花一樣漂亮，使我不禁想把牠們串成耳環，送給我的朋友們。

駐地森林記者 維麗卡

天藍的和翠綠的

8 月 20 日這天我起得很早，往窗外一看，不由得驚叫了起來，青草怎麼會變成了天藍色的？青草被濃霧壓低著頭，忽隱忽現。

如果把白色和綠色混在一起，會變成天藍色的。是露珠灑在青草上，把牠染成了天藍色。

有幾條綠色的小徑，穿過天藍色的草地，從叢林通到板棚（木板搭成的工寮、穀倉或倉庫）前。在板棚裡放著一袋袋的麥子。在麥場上，有一些鳥正篤篤地啄著地板，牠們要趁人們還沒有醒來時，趕緊吃多一點。

再往遠處望去，在樹林那邊是燕麥田，還沒有收割的燕麥也是天藍色的。一個獵人拿著獵槍在那裡走來走去。

我知道，這個獵人是在等候琴雞。因為琴雞媽媽通常會帶著一群小琴雞去田野裡吃個飽。

琴雞在燕麥田裡跑來跑去，把露水給碰掉了。獵人還沒有放槍，可能因為琴雞媽媽把牠的孩子帶回去消失在森林裡了。

駐地森林記者 維麗卡

撲滅野火

　　乾燥的森林如果被閃電襲擊，結果就會很糟糕。如果有人在森林裡扔下沒有熄滅的火柴或者沒有燃盡的篝火，結果同樣嚴重。

　　沒熄滅的小火會像小蛇一樣，從火堆上蔓延，隱沒在乾草裡、落葉裡。在不經意之間，它就會忽然從裡面鑽出來，帶出一大堆火，開始吞噬著整個森林。

　　在野火還小，也就是剛剛開始燃燒時，就要去對付它。此時可以扯下一把新鮮的樹枝，用力將火打滅，同時大聲呼救，不然讓火蔓延下去，後果將不堪設想。

　　如果手頭有鏟子，就挖土，將土或草皮拋到火焰上去。

　　如果火焰從地上躥了起來，從一顆樹躥向另一棵樹，這時候要拼命地叫人救火，同時發出報警信號。

林中地盤的爭戰（續前）

　　我們《森林報》的記者來到第三塊的伐木跡地，這塊跡地是十年前採伐的，現在已在白楊和白樺的控制下。

　　每年春天，草類都試圖從地下鑽出腦袋，然而在枝繁葉茂的白楊和白樺下，牠們很快就枯萎了。

　　每隔兩三年，雲杉總是收穫一次自己的種子，可那些種子落到伐木跡地上無法從地下露出頭來，因為白楊和白樺阻止了牠們的生長。

　　年輕的樹木生長速度很快，牠們在伐木跡地上稠密地往上長著。牠們越來越擁擠，彼此之間開始了爭戰。

　　每一棵樹都想在地下和地上佔據更多的地盤，每一棵樹在生長的過程中都要橫向發展，使得伐木跡地變得擁擠不堪。

　　強壯的樹木在個頭上超過了柔弱的樹木，它們無論是根還是樹杈都比較有力，把小個頭的樹壓在下面，不讓陽光照射到。於是，那些久違陽光的樹木會漸漸死掉。

　　小草雖也破土而出，但高大的樹木卻不怕它們。

　　有些樹木的種子，落到幽暗潮濕的土地上，也會因

為透不過氣而夭折。

　　雲杉還在不慌不忙地每隔兩三年就派遣自己的種子到長滿樹木的伐木跡地上去生長。對它們來說，這算得了什麼，就讓那些小傢伙到那裡去求生吧！

　　雲杉苗鑽出了地面，它們的環境卻很惡劣，由於得不到足夠的陽光，變得又細又矮。

　　不過，牠們不會受到風的打攪，即便是狂風大作，牠們也不會從土裡被拔起。白楊和白樺被刮得呼呼作響，牠們卻顯得很安寧。

　　在這裡，食物很充足。小雲杉受到了良好的保護，得以避免春季危險的晨寒和冬季凜冽嚴寒的侵襲。

　　秋季時，白楊和白樺的落葉在地面腐爛，提供了熱量，草類也提供了熱量，小雲杉終於可以見到天日。

　　年輕的雲杉不像白楊和白樺那樣酷愛陽光，牠們耐著性子生長著。

　　我們《森林報》的記者觀察了一段時間後，就轉向第四塊伐木跡地上去了。

　　這裡，期待它可以發來更多的消息！

農莊裡的事兒

收割莊稼的時節到了，在集體農莊的黑麥和小麥地裡，高高的麥穗又壯又密，並舉著許多穀粒。勤苦的農民終於可以豐收了！

不久這些穀物會像水流一樣，流入國家和農莊的糧倉。

亞麻也成熟了，莊員們開始搬運亞麻。拔亞麻用的是拔麻機，比用手要快得多。女莊員們把倒下來的亞麻紮成捆子，再把捆子豎著攏成垛，每十捆攏成一垛。很快田野上就蓋滿了捆垛，彷彿一個個小山丘。

田野裡的一些鳥兒已經帶著牠的孩子全體出列，牠們被迫從秋播黑麥地裡搬家到了春播作物地裡。

人們在收割著黑麥，在收割機過後，黑麥一捆一捆地倒伏在地。男莊員們把它們紮起來，堆成垛。麥垛堆在田頭，好像一些等待檢閱的士兵。

菜地裡的胡蘿蔔、甜菜和其他蔬菜也成熟了。莊員們把它們運往火車站，然後輸送到各個城市，各地的人就可以吃上這些可口的黃瓜、蘿蔔、白菜了。

孩子們在森林裡採著蘑菇、成熟的馬林果和越橘。凡

是有榛子林的地方，孩子就往那裡走，他們採摘堅果，把小籃子裝得滿滿的。

而成人們卻顧不上這些堅果，他們需要收割莊稼，把亞麻在打穀場上脫粒，然後把地犁鬆，以便播種越冬的作物。

森林的朋友

在衛國戰爭（1812年拿破崙侵略俄國的俄法之戰，俄國自稱「愛國戰爭」，一般稱為「衛國戰爭」）期間，我國有許多森林被毀掉了。在很多林區，人們正在努力地重造森林。我國中等學校的學生們也在參與著做這項工作。

此時，需要好幾百千克的松子，才能培養出新的松林。

在最近三年，孩子們收集了七噸多的松子。孩子們還幫助整地、照料樹苗、守衛森林、防止森林火災的發生。

駐地森林記者　亞歷山大．察廖夫

找活幹的孩子們

天剛濛濛亮，集體農莊的莊員們就下地幹活了。大人到哪兒，小孩們也跟著到哪兒。在草場裡，在農田裡，在

菜園裡，到處都有孩子在幫助大人幹活。

瞧，孩子們扛著耙子出現了。他們迅速地把乾草耙攏，然後裝上大車，運往農莊的乾草房裡。

孩子們開始給亞麻和馬鈴薯清除青草，什麼苔蘚、濱藜等雜草被除得一乾二淨。到了拔亞麻的時候，孩子們比機器還先到亞麻地。他們拔掉了田頭的亞麻，使拖拉機可以很好地轉彎。

在割過的黑麥田裡，孩子們也能找到活兒，他們把收割後落下來的麥穗耙攏，然後撿起來。

農莊快訊

紅星集體農莊的田裡傳來了消息，禾穀作物報告說：「這兒一切都很順利，穀粒成熟了，不久我們就要開始把它們往地上撒了。今後，你們不必再為我操心了，甚至用不著到田裡來看我了。現在，沒有你們，我也可以活得很好。」

農莊莊員們聽到後，笑著說：「那可不行啊！如果不到田裡去看望，我們怎麼忙乎啊？」

　　拖拉機帶著聯合收割機來到了田裡。聯合收割機能做很多事，收割、脫粒、簸穀都可以做。

　　聯合收割機開進田野裡的時候，黑麥比人長得還高，可是從田野裡開出來的時候，只剩下矮矮的殘株了。聯合收割機交給莊員們的是麥粒。莊員們把麥粒曬乾，裝在麻袋裡，要去交給政府。

早熟和晚熟的馬鈴薯

　　我們《森林報》的通訊員曾經到紅星集體農莊去訪問，他注意到集體農莊有兩塊馬鈴薯田。一塊大一些，是深綠色的；一塊小一些，是黃色的。第二塊田地裡的馬鈴薯莖葉枯黃了，好像要死了似的。

　　我們《森林報》的通訊員決定要弄明白這件事，後來他寄來了這樣的報導：

　　「昨天，有一隻公雞跑到變黃了的田地裡來了。牠把土刨鬆，喚來了一些母雞，請牠們吃新鮮的馬鈴薯。一個路過的女莊員看到，笑了起來，『這可不錯，公雞第一個來收我們早熟的馬鈴薯了，牠可能知道明

天就要收早熟的馬鈴薯了吧！』那麼，可以得知，莖葉變黃了的馬鈴薯是早熟的馬鈴薯。它已經成熟了，所以它的莖葉看上去是黃的。在另外的那片大塊的田地裡，栽種的則是晚熟的馬鈴薯。」

林間簡訊

在集體農莊的森林裡，從地面長出了一個白蘑[23]，它結結實實，肥肥壯壯！

在白蘑的帽子上，有一個小坑兒，周圍是濕漉漉的穗子。

白蘑上面有許多松針，它周圍的土是高起來的。要是把這些土掘開，能夠看到大白蘑、小白蘑、小小白蘑和最最小的白蘑！

---

23. 白蘑是口蘑的一種，生於草原和林間草地，營養價值較高，為傘菌中最珍貴的品種，含有豐富的蛋白質、維生素及礦物質。其形狀如傘，潔白如玉。菌肉白色，肥厚。其味清香適口，獨具特色，被人們譽為「素中之肉」。夏秋兩季雨後，尤其在立秋前後會大量地發生於草原上。在中國最有名的是蒙古口蘑。市場上將幼小未開傘的稱「珍珠蘑」，將開傘後的稱「片蘑」。

鳥島

　　我們乘著艦艇在一片海的東部航行，四周是浩瀚無際的水域。忽然，索具兵大喊著：「有一座倒立的山峰，正對著船頭！」我想著他的話，便爬上了桅杆，想看看他為什麼會這麼說。

　　果然，前方可以清楚地看到有一座山石嶙峋的海島，倒立地懸在海面，底下沒有任何支撐。這時候，我忽然想到了一個詞：「折射！」於是大笑著說：「這是一種奇特的自然現象，無需大驚小怪的！」

　　在這裡，極地海域經常會有這種現象，許多人叫它海市蜃樓。幾個小時後，我們駛近了那個會出現折射的海島，它並沒有凌空掛在半空中，而是平靜地將自己所有的山崖聳峙在海面上。

　　船長確定方位並看了看地圖，說這是比安基島，這樣命名是為了表示對俄羅斯的一位大科學家的尊敬，他叫瓦連京・利沃維奇・比安基，我們《森林報》也是為了紀念他而創刊的。我在想著：這座島的全貌到底是什麼樣子、島的上面有些什麼呢？

這座島是由岩礁、漂礫和片石堆積形成的，在上面沒有灌木、沒有草，只有一些淡色和白色的小花。那裡還有苔蘚，像松乳菇一樣既鮮嫩又多汁，這樣的苔蘚是我以前沒有見過的。在岸灘上，有很多原木、樹幹或木板的飄流木，是大洋把它們運送到這裡的。那些木柴很乾燥，如果用手指頭輕輕一敲就會發出咚咚響的聲音。

現在，是夏季的開始，但浮冰和冰山照樣漂過，它們在陽光下閃射出亮麗的光芒。在這裡，經常會有大霧，使人只能看見海上船隻過往的桅杆。在這裡，行船很少。島上也沒有人居住，這裡的野獸們也不怕人。

這裡可以說是鳥類天堂，幾萬隻鳥在這裡的山崖密密麻麻地築巢。這裡築巢而居的有數以千計的大雁、天鵝、野鴨、潛水鳥，在牠們的上方，居住著海鷗、海鳩。這裡的海鷗形形色色，有白鷗和黑翅鷗，有紅鷗和叉尾鷗，還有兇猛的市長鷗。這裡有北極貓頭鷹，牠們巨大而又雪白。還有美麗、白翅、白胸的雪 ，牠們的叫聲像雲雀一樣。還有北極雲雀，牠們長著黑鬍子，頭頂上有尖尖的角狀羽，一會兒在地面上奔跑，一會兒在天空中歌唱。

至於這裡的野獸也有很多，我上岸去坐坐，看到兔尾

鼠圍著我亂跑。這個島上也有許多北極狐，我在岩石之間就看到了一隻，牠正在偷偷逼近還不會飛的海鷗雛鳥。忽然，海鷗發現了那隻北極狐，大叫著向牠沖過去，北極狐只好逃跑。

這裡的鳥類都善於自我保護，都不讓牠們的小鳥受到傷害，野獸也就開始挨餓了。

我看到在靠近岸邊的地方，從水裡露出了一個光滑的圓腦袋，正用深色的眼睛看著我。這是環斑海豹，牠的體型較小。接著，在遠一些的地方，我看到一隻髯海豹，還有長著鬍鬚的海象。那隻海象比海豹個頭還要大，牠一會兒鑽進水裡就不見了。鳥類這時在天空鳴叫，在鳥類下面的海域有一頭白熊正在游泳，牠們鳴叫可能是因為看到了這隻兇猛的大野獸呢！

我看著看著，覺得肚子餓，就去找早餐吃了。但是，早餐卻不見了。忽然，附近鑽出了一隻北極狐，我這下明白了，是牠偷走了我的早餐，因為牠的牙齒之間還帶著包麵包的紙呢！

我沒有很生氣，因為牠是被鳥類逼到這種田地才開始偷吃人類的東西。

遠航航海員　馬爾丁諾夫

打獵的事兒

這時候雛鳥還沒有長大，還不會飛，怎麼打獵呢？何況小鳥和小獸是禁止獵殺的。不過，那些專吃小動物的猛禽和危害人類的野獸，法律是允許打的。

黑夜的恐怖

夏天的傍晚，如果到森林裡去走走，會聽見一種奇怪的聲音，一會兒「禍，禍，禍！」一會兒「哈哈哈」，這樣的聲音會令人毛骨悚然。有時候，會聽到樓頂上有人大哭起來。在這樣漆黑的夜裡，常常可以看到兩盞圓溜溜的綠眼睛，像燈籠似的。接著一個陰影從身邊一閃而過，這怎麼不叫人害怕呢？

由於這種原因，人們開始討厭這種鳥兒：牠就是森林裡的貓頭鷹，夜夜在那裡狂笑，用一種不祥的聲音，一個勁地招呼人們：「快走，快走！」

即使在白天，從一個黑乎乎的樹洞裡，忽然探出一個腦袋，嘴巴像鉤子似的，發出啪嗒啪嗒響的聲音，也會把人嚇一大跳。

在半夜裡，如果家禽中有一陣騷亂，雞鴨鵝等的叫成一片，第二天早晨，發現少了小雞，主人一定會把矛頭怪罪到貓頭鷹身上的。

白天的搶劫

不僅是在黑夜，就算在白天，兇猛的鳥兒也會把人搞得心神不寧。

孵蛋的母雞一不留神，老鷹就會把牠的小雞抓走；公雞剛到院子裡溜達，就可能被鵟鷹抓走；鴿子剛要起飛，就可能有一隻隼衝進來，牠在鴿群裡抓住那隻鴿子，頓時消失得無影無蹤。

所以，如果農莊的莊員們遇見了那些猛禽，都咬牙切齒地要把牠們殺掉。他們可不是想想而已，而是說幹就幹。但等這些猛禽被消滅乾淨了，他們會忽然發現：田裡的老鼠猖獗起來了，黃鼠會把糧食吃光，野兔會把白菜啃完。

於是，這些冒失的莊員在經濟上往往會損失得更多。

有益的與有害的

所以，為了不讓自己後悔，應區分有益的猛禽和有害的猛禽。有害的猛禽是殺死野鳥和家禽的鳥兒，有益的猛禽是消滅田鼠、黃鼠、蝗蟲等有害昆蟲的鳥兒。

打個比方，對於貓頭鷹和鴉，牠們的樣子雖然可怕，但牠們大部分是益鳥。有害的貓頭鷹是個頭最大的那些，雕鴞 24 和林鴞 25 也會做出「傷天害理」的事情，但有時這些鳥兒也會捕捉田裡有害的動物。

而日常見到的猛禽當中，鷂鷹算是最有害的。我們這兒的鷂鷹有兩種，一種是個頭大的蒼鷹，一種是個頭小的鷂雀鷹。鷂鷹和其他的猛禽很容易區分，鷂鷹呈灰色，胸腹上有波浪形的花紋，牠們的頭小額低，翅圓尾長，眼睛淡黃。牠們是兇猛的一種鳥，有時可以獵殺個頭比自己還大的動物，即使是在吃飽的時候，牠們也會毫不猶豫地把鳥兒殺死。

老鷹比鷂鷹要弱得多，根據牠開叉的尾巴就可以分辨出。老鷹不會攻擊大型的野禽。

大型的隼也是有害的，牠長著尖尖的鐮刀形的翅膀，飛行速度幾乎超過所有的鳥類。牠們在空中飛行時，會在

離地面很高的地方準備捕捉獵物，不然獵物忽然逃走時，牠可能會因為胸脯觸地而死亡。

最好不要捕殺小型的隼，這種小型的隼是有益的。比如紅隼就是有益的。紅隼可以在田野上經常看到，牠會懸掛在空中，像被一根線掛在白雲上，同時扇動著翅膀，這樣，牠能看得清草叢裡的老鼠和蝗蟲。

雕造成的危害比牠帶來的益處要多。

24. 雕鴞是體形最大的鴞形目鳥類，體長可達 80 公分以上。屬於鴟鴞科雕鴞屬，遍布歐亞地區，棲息於各種海拔有較多岩石地區的次生林、針闊葉混交林、開闊林地等，通常在原始森林中較不易發現。屬夜行性鳥類。台灣不在其分佈範圍，但 2007 年曾在高雄發現過其蹤跡。

25. 林鴞，分佈於歐、亞、非三洲，台灣有三種：東方灰林鴞、灰林鴞、褐林鴞。林鴞是台灣第二大的貓頭鷹，主要獵食齧齒目動物。牠也捕捉較小的貓頭鷹，不過也可能被較大的猛禽或食肉獸獵殺。一般會在樹洞中築巢，並會保護鳥蛋及雛鳥。

獵捕猛禽的方法

有害的猛禽可以常年射殺，獵捕牠們有許多方法：

窩邊捕獵

獵捕猛禽最方便的辦法就是守候在牠們的窩邊，但這種方法也危險。為了保護幼鳥，大型的猛禽會向人類攻擊。人如果要開槍，速度要快，不然就會被猛禽啄瞎眼睛。不過，找到猛禽的窩很困難，雕、鵟鷹、隼往往把自己的窩設在懸崖峭壁上，或者是很高的樹木上，這樣子的話，人類一般很少有機會可以到牠們的窩邊潛伏。

潛獵

雕和鵟鷹往往會停在草垛上，枯樹上。牠們不會靠近人類。這時，可用潛伏的方法獵取，也就是從灌木叢和岩石下偷偷地靠近。要近到子彈能射中目標，不然槍聲一響，就要到手的獵物也會飛走。

帶雕鴞射獵

獵捕白晝活動的猛禽要帶上雕鴞。首先在一個小土丘裡插上一個桿子，在離桿子不遠的地方種一棵枯樹，再在附近蓋一個小棚子。早晨，帶著雕鴞來到這裡，讓牠停在桿子上，並把牠拴住，自己則躲到棚子裡。不用等多長時間，鵟鷹或者隼就會發現牠，並朝著牠衝過來。

鳥兒們圍著牠進攻，雕鴞被拴住了，只好把全身的羽毛豎起來，一會兒瞪眼睛，一會兒把嘴張開。

其他的猛禽並沒有注意到那個窩棚，這時候就可以開槍了。

在漆黑的夜晚

射獵猛禽最有趣的時間應是在夜晚的森林，老雕和大型猛禽會飛到那裡過夜。比方說，雕會孤立地在大樹頂部睡覺。

獵人可以選擇天色比較黑的時候，慢慢靠近猛禽。睡熟的雕並不提防周圍的動靜，獵人可以把燈光照到牠身上；當雕被燈光驚醒的那一刻，根本沒弄清楚是怎麼一回事，只能停在那兒驚呆了。這時候，獵人就可以從樹下瞄準射擊。

夏獵開禁了

　　從 7 月底開始，獵人們就會煩躁不安，因為他們已等得不耐煩了。此時，雛鳥已經長大，省執行委員會終於下定了今年打獵開禁的日期。報告上說，今年從 8 月 6 日起開禁，許可在森林和沼澤打獵。

　　每個獵人把彈藥裝好，把獵槍檢查了又檢查，於 8 月 5 日扛著獵槍，牽著獵狗，這些人幾乎把火車站都擠滿了！

　　這裡有很多獵狗，有短毛獵狗和長著像樹枝一樣筆直尾巴的嚮導狗。牠們顏色各異，有白色帶黃色小斑點的，有咖啡色帶花斑的，有黃色帶花斑的，有深咖啡色的；有全身光亮的，有全身暗黑的，有體型大的，有體型小的，有動作慢的，有動作快的。牠們一個個追隨著主人，唯一的目的是將要出去打獵。

　　大部分的獵人都會乘坐近郊列車，他們分佈在各個車廂裡。乘客們看著他們，並端詳著他們的獵犬。車廂裡都在談論著打獵的事兒，例如誰是英雄誰、誰取得了偉大的成績。當獵人聽到別人誇讚自己時，總會沾沾自喜。

　　6 日晚上、7 日早晨，還是那輛列車把他們運回。可是，他們的臉上並沒有掛滿欣喜的表情，而是很失落。

車廂裡的乘客又對他們笑臉相迎：「你們打來的野味呢？」

「野味還在森林裡呢！」

「牠們飛到別處送死了？」

這個時候，來了一個背囊鼓鼓的獵人，他只顧找座兒。大夥兒連忙騰出地方讓他坐。他大模大樣地坐下，他的鄰座眼睛滴溜溜亂轉，向車廂裡的人宣佈了：「你打的野味怎麼爪子是綠色的？」他一邊問，一邊將獵人的背囊揭開一點兒。原來是雲杉的梢頭！

多麼令獵人很難堪啊！

SIX
成群結隊月
夏季第 3 月

閃光的八月份

8月是閃光的月份。夜裡，在遠方會有一道道閃光，無聲地照亮著天空，並瞬間即逝。草地也在8月換裝，現在，草地變得五彩繽紛，花朵大多是藍色、淡紫色的。太陽的光芒在逐漸減弱，草地需要儲藏陽光了。

一些較大的果實，像蔬菜類、水果快要成熟了；晚熟的漿果像草莓、越橘也快要成熟了；在沼澤地上的蔓越橘、在樹上的山梨也快要成熟了。

在森林裡長出了一些蘑菇，牠們不喜歡太熱的陽光，正躲在陰涼的地方，活像一個個小老頭。

林木停止了長高、但變得更粗。

森林裡新的習俗

林裡的小動物們長大了，而且爬出了窩。

在春季裡成群結隊的鳥兒，現在正帶著自己的小鳥兒在林子裡到處飛翔。

森林裡的居民常常到其他的人家去串門子。

森林裡兇猛的野獸和飛禽，此時也不再只守著自己的地盤了。牠們到處走動，去找可口的野味。

貂、白鼬、鼬此時在四處閒晃，牠們可以輕易地找到吃的東西。一些笨笨的小鳥、憨厚的小兔子、粗心大意的小老鼠，往往會成為牠們的美食。

鳴禽在灌木叢和大樹上成群結隊地飛來飛去。

每一群動物都有自己的習俗。

牠們的習俗是這樣子的：

我為人人，人人為我

如果誰先發現了敵人，誰就得要尖叫一聲，或者打一聲呼哨，以便向大家發出警報；這樣，大家就會四下分散。如果有誰不幸遭遇危險、或落難了，大家要一起發出叫聲和吆喝聲來嚇退敵人。

有這麼多的動物警惕著，有這麼多的利嘴準備著擊退來犯的敵人，敵人也會不寒而慄。

群體裡為小動物們定的法則是：向年長的看齊！如果年長的安詳地啄食著穀粒，小動物們也要跟著啄食。如果年長的抬起頭不動了，小動物們要裝死。如果年長的逃跑

了，小動物們也要跟著快步逃跑。

教練場

鶴和琴雞都有一塊自己的教練場，來供自己的孩子練習。

琴雞們在教練場，小琴雞聚集在那裡，看爸爸在幹什麼。

琴雞爸爸自言自語，小琴雞也自言自語；琴雞爸爸大聲地叫著，小琴雞也大聲地叫著。

不過，琴雞爸爸現在的叫聲變了，跟春天裡的不一樣了。春天時，琴雞爸爸的叫聲好像是：「我要賣掉皮襖，我要買件大褂！」現在牠的叫聲好像是：「我要賣掉大褂，我要買件皮襖！」

此時，小鶴也排成隊伍，飛到教練場上來，牠們在學習飛行時如何排成整齊的「人」字形。牠們必須要做這件事，這樣，才能在長途飛行的時候，節省力氣。要知道，飛在「人」字形最前面的，是身強力壯的老鶴，牠擔負著衝破氣浪的任務，所以要很健康有力。等到牠飛累了，就會退到隊伍的末尾，由別的有力氣的老鶴繼續領隊。

小鶴跟在領隊的後面，一隻緊跟著一隻，腦袋接著尾巴，尾巴接著腦袋。牠們按節拍鼓動著翅膀。誰的身體強一些，誰就飛到前面，誰的身體弱一些，誰就跟在後面。

「人」字形用頭前的三角尖衝破一個個氣浪，就像小船用船頭迎風破浪一樣。

準備飛向更遠的地方

「注意，到地方了！」

鶴一隻接一隻地相繼落地。

這裡，在田野中間的教練場上，小鶴正在學習舞蹈、體操。牠們跳躍、旋轉，按節奏跳出靈巧的舞姿。牠們還有一項訓練，就是用嘴把小石子拋上去，再用嘴接住。

牠們這樣做，是為了準備飛向更遠的地方！

會飛的蜘蛛

沒有翅膀怎麼會飛呢？

可是有些蜘蛛卻能凌空在空中飛動，這是怎麼一回事呢？

蜘蛛從肚子裡吐出細絲，把細絲搭在灌木叢上。風兒

接住了那些蛛絲，把牠們一會兒往這扯，一會兒往那扯。因此，蛛絲就像絲線一樣游離到四面八方。

這時，蜘蛛蹲在地上，看到掛在樹枝和地面之間的蛛絲在空中飄蕩，牠就攢進蛛絲裡面，整個身子就如同包在一個絲做的小球裡一樣。

牠也不斷地吐絲，蛛絲越來越長。蜘蛛把腳牢牢地縶住，「一、二、三」，蜘蛛迎風而上，牠咬斷了縶住的一頭。一陣風吹來，蜘蛛脫離了地面，牠和蛛絲一起飛了起來。就像小球一樣，在草叢、灌木叢的上空高高地飛翔著。牠從上面俯視著，看看哪裡可以降落。下面是森林、小河，牠繼續向前飛著。

再往下面看，見到一個院子，牠停下來，把蛛絲退繞到自己身子的下面，用腿把牠撚成一個小球。小球離地面越來越近，牠也開始著陸了。

蛛絲的一頭掉在了地上，牠可以安安穩穩地在這裡建造自己的小家庭了。

在秋季天朗氣晴的日子，往往會發生這樣的事情，村裡人的人們卻認為那飛著的蜘蛛和蜘蛛的蛛絲，是秋季銀光閃閃的「白髮」。

森林裡的大事兒

山羊吃光了一座林子

這是真的，山羊把一座林子都吃光了。

這隻山羊是森林看守人買的，他把牠帶回樹林裡去，拴在草地上的一根柱子上，半夜裡，山羊把繩子掙斷，不見了。

由於周圍都是樹木，牠到哪裡去了呢？

看守人很著急，找了牠三天也沒有找到，在第四天的時候，山羊自己回來了，還咩咩咩地叫著，好像在說：「我回來了！」

晚上，另外一個看守人慌慌忙忙地跑過來，說山羊把那個地段上的樹苗都吃光了。

樹木小的時候並不會保護自己，隨便是哪一隻牲口，都有可能把牠從土地裡拔起、吃掉。

山羊看中了細小的樹苗，看到了那些軟軟的綠針葉，像一把扇子似的張著，牠覺得牠們的味道好吃，所以就把牠們都吃光了。

只有大松樹山羊不敢碰，因為大松樹會把羊皮戳破！

駐地森林記者 維麗卡

趕走貓頭鷹

　　成群結隊的黃柳鶯[26]在森林裡飛轉，從一棵樹到另一棵樹，從一個樹林到另一個樹林。每一棵樹，每一個樹林牠們都飛過了。發現哪裡有蠕蟲、甲蟲、蛾子，就統統把牠們啄出來，吃掉。

　　「啾伊奇，啾伊奇！」其中的一隻鳥尖叫起來，其他的鳥都警覺起來。牠們看到一隻白鼬正躲在樹根之間，慢慢地向牠們靠近。

　　「啾伊奇，啾伊奇！」四面八方都叫了起來，於是整群鳥都匆匆地離開了那片地方。

　　如果是白天倒還好，這樣只要有一隻鳥兒發現敵情，大家都可以獲救。只是在夜裡鳥兒們都睡覺了，敵方卻沒有睡覺。貓頭鷹會悄無聲息地飛近前來，「嚓」的一聲把睡夢中的小鳥嚇得魂飛魄散。牠們紛紛逃命，但還是有兩

---

26. 柳鶯，體型比麻雀小，背羽以橄欖綠色或褐色為主，下體淡白，嘴細尖，常在枝尖不停地穿飛捕蟲。台灣目前已知有極北柳鶯、黃眉柳鶯、褐色柳鶯、黃腰柳鶯、冠羽柳鶯、冠紋柳鶯、庫頁島柳鶯、巨嘴柳鶯、淡腳柳鶯、棕眉柳鶯、艾吉柳鶯、暗綠柳鶯、雙斑綠柳鶯、白斑尾柳鶯、黑眉柳鶯等，主要是冬候鳥、過境鳥或迷鳥。

三隻小鳥不幸落在了貓頭鷹的嘴裡。看來，天黑了真的不是一件好事。

鳥群從一棵樹到另一棵樹，從一叢灌木到另一叢灌木，向前飛行著。小鳥們與樹葉擦身而過，進入了一片密林。

在密林的中央，有一個奇形怪狀的樹墩，樹墩上有一個「樹菇」。一隻柳鶯靠近了「樹菇」身邊，在想裡面是不是有蝸牛。

忽然，「樹菇」睜開了灰色的眼皮，眼皮底下是兩隻冒著火光一般的眼睛。直到這時，柳鶯才知道牠是一頭貓頭鷹，慌忙地避到一邊，「啾伊奇，啾伊奇！」鳥兒們又亂作一團。但是沒有一隻飛走，大家聚集在貓頭鷹的身邊。貓頭鷹拍了拍牠的翅膀說：「到底是碰上了，連個安穩覺也不讓人睡！」

這時，其他的小鳥們從四面八方飛來，向柳鶯發出警報。

牠們把貓頭鷹圍住了！

小巧的戴菊鳥²⁷ 從雲杉上飛了下來，活潑的山雀從樹林裡飛了出來，都圍繞著貓頭鷹飛來飛去，在大聲地叫著：「你這個可怕的強盜，有本事來碰我，來抓我，來追我啊！」

貓頭鷹只是眨著眼睛，不明白鳥兒們在做什麼！但是，鳥兒們卻源源不斷地飛來。牠們的叫聲也驚動了一群勇敢而強大的森林烏鴉──松鴉，大批的松鴉蜂擁而來。

　　貓頭鷹這才嚇壞了，翅膀一搧，馬上溜之大吉。否則，不小心被這一群鳥的嘴巴啄到，那可是不得了的痛。

　　貓頭鷹飛走了，一群群的鳥兒卻窮追不捨，直到把貓頭鷹完完全全地趕出森林。

　　這一天晚上，柳鶯終於可以安穩地睡覺了。因為牠們教訓了貓頭鷹，牠不敢短時間內再回到老地方來了。

草莓

　　在森林的邊緣上，草莓轉紅了。鳥兒們找到那些草莓，用嘴銜著就飛走了，牠們會把草莓的種子播撒到更遠的地方去。可是有一部分草莓的後代還留在原地，和自己的母親待在一起。

---

27. 戴菊鳥，台灣有人歸為鶯亞科，有人歸類為戴菊科。體型極小。台灣有兩種：戴菊鳥（學名：*Regulus regulus*, 英文名：Goldcrest）和火冠戴菊鳥（學名：*Regulus goodfellowi*, 英文名：Flamecrest）；前者為稀有的過境鳥，後者是台灣特有亞種。火冠戴菊只分佈於 1900 ～ 3700 公尺的高山針葉林，生性活潑，以昆蟲為食。

此時如果仔細觀察，可以在草莓旁發現匍匐在地上的細莖。這根細莖分成好幾節，每一節都會長出新芽，等牠們觸地生根，就能長出新的一株草莓。眼前的這一根細莖上，有三簇叢生的新芽。第一節的芽已經紮根了，其餘的兩棵還沒有發育好。細莖從母體向四面八方爬去。此時，要找帶著去年的子女的老株，就得順藤摸瓜，從長新芽的植株往上尋找。就像眼前的這棵，牠中間的是母體植物，周圍一圈圈的是牠的小孩子，一共有三圈，每一圈有五棵。

草莓就是這樣向四下擴展，佔據土地的。

H · 帕甫洛娃

熊被嚇死了

晚上，獵人到森林裡去，他走到燕麥地邊，看到燕麥地裡有黑乎乎的東西在打滾，難道是牲口？

他仔細觀察了半天，發現原來是一隻熊。牠肚子朝地趴著，兩隻爪子抱著麥穗，並把麥穗塞到自己的身子下面，在吮吸著牠的汁液。熊懶懶地伸開四肢，得意地發出呼哧呼哧的聲音，看來燕麥的汁液很合牠的胃口。

獵人此時沒有子彈，只有霰彈，不過，霰彈只適合打

鳥。但這個獵人很有膽量，他想對空鳴槍，他認為熊聽到了槍聲就會逃跑，便不會損壞莊稼了。

於是，獵人托起了槍，在熊的上空放了一聲。熊聽到後，頭向下打了個滾兒，又站立了起來，頭也不回地往森林裡跑。

獵人看到後高興地說：「真膽小！」

第二天早上，獵人去那片燕麥地，他來到老地方，看到熊嚇得沒命跑的蹤跡，那蹤跡一直延伸到森林裡。獵人循著那些蹤跡過去，他看到熊已經躺在森林裡死了。

原來，由於事件突發，森林裡最可怕、最強大的野獸也被驚嚇過度而死了。

食用菇

下雨之後，蘑菇又長出來了。

最好的是在松林裡長出的白蘑。白蘑粗粗壯壯，肉質肥厚。牠的傘蓋是咖啡色的，發出的氣味特別好聞。白蘑是美味牛肝菌[28]，牛肝菌生長在林間的路上，在低低的草叢之間有時也可以見到牠們。牠嫩的時候像小線團，但很黏糊，所以會粘帶著一些東西，如乾樹葉、小草等。

在同一片松林的小草地上長著松乳菇[29]，松乳菇的顏色很濃，是棕紅色的，所以很遠就能看到牠們。而且這兒的松乳菇很多，老的松乳菇跟小碟子一樣大，傘蓋被蠕蟲咬得都是小洞，中等大小的松乳菇傘蓋中央凹陷，邊緣向上卷起。

在雲杉林裡也會有許多蘑菇，既有白蘑，也會有松乳菇，不過這裡的蘑菇跟在松林裡的不一樣。這裡的白蘑傘蓋上有光澤，並帶點黃色，傘柄要細些、高些。松乳菇傘蓋上的顏色不是棕紅色，而是略帶點綠色，在傘蓋上還有

---

28. 牛肝菌類是牛肝菌科和松塔牛肝菌科等真菌的統稱，除少數品種有毒或味苦而不能食用外，大部分品種均可食用。白牛肝菌，學名：美味牛肝菌（*Boletus edulis*）。主要生長於針葉林地帶，或櫟樹與松樹等針闊葉混交林地帶，與櫟和松樹的根形成菌根，單生至群生，產於 6 ～ 10 月。它的子實體為肉質，傘蓋褐色，直徑最大可達 25 公分，約 1 公斤重，菌蓋厚肥，下面有許多小孔，類似牛肝。白牛肝菌菌體大，肉質肥厚，柄粗壯，味道鮮美，營養豐富。新鮮的可作菜、生食，也製成醃製品食用，但大部分是切片乾燥，用來配製湯料或做其他料理。

29. 松乳菇是春末夏初、秋末冬初丘陵或山地松林中常見的一種野生食用菌，屬紅菇科乳菇屬。別名松菌、奶漿菌、雁鵝菌等。單生、散生、群生於針葉林或針闊葉混交林，與針葉樹形成外生菌根。喜潮濕、酸性土壤。森林下的灌木層稀疏，松乳菇發生量較大；若無灌層及草木層，或灌層、草木層太密、隱蔽度過大，松乳菇不發生或極少發生。松齡較小或老松林中，松乳菇也極少發生或不發生。松乳菇肉質脆嫩、味道鮮美，營養豐富，含十幾種氨基酸，以穀氨酸含量較多，尚含有抗生素。分佈於歐亞及北美洲，台灣也有分佈。

一圈圈的紋路，像樹幹的年輪一樣。

　　白樺和山楊樹下也有蘑菇，這些蘑菇被稱為「樺下菌」和「山楊樹下菌」。而樺下菌生長的地方遠離白樺樹，山楊樹下菌生長的地方卻和山楊樹緊密相連。美麗的山楊樹下菌形態秀美，無論是傘蓋還是傘柄，都像雕飾的一樣。

H.・帕甫洛娃

有毒的蘑菇

雨後，有毒的蘑菇也長出來了。食用的蘑菇主要是白蘑，有毒的蘑菇主要是毒鵝膏[30]。得留心毒鵝膏，牠內部含有毒菌中最厲害的毒素。吃一塊小小的毒鵝膏，比被蛇咬一口還致命！

中了毒鵝膏毒的人難以被救活。所以，要仔細辨別毒鵝膏。牠和食用菌的區別在於，毒鵝膏的傘柄彷彿是從大肚子瓦罐的細頸裡脫胎而出的。牠不同於香菇，香菇的傘柄就像柄，誰也不會想像牠曾經被嵌入罐子裡。

毒鵝膏和蛤蟆菌的形狀差不多，有時被人們稱為蛤蟆菌。但毒鵝膏的傘蓋上有白色的紋路，傘柄上有一圈小領子，蛤蟆菌卻沒有。

---

30. 毒鵝膏為一種劇毒的擔子類真菌，鵝膏菌屬的一員。最著名的是被稱作「毀滅天使」、死亡天使和白毒傘的鱗柄白鵝膏。毒鵝膏廣泛分佈在歐亞大陸，並且以菌根型式與落葉性喬木共生。毒鵝膏是已知最毒的一種菇類，人類因誤食毒菇而死的比例中，此菇佔了半數以上。主要的毒性物質為 α-鵝膏蕈鹼，會對肝、腎臟造成致命傷害，目前沒有發現任何有效的解毒劑。台灣有：鱗柄白鵝膏（別稱：毀滅天使或招魂天使）、土紅粉蓋鵝膏、豹斑鵝膏、角鱗灰鵝膏、灰鵝膏、大灰鵝膏、紅托鵝膏、亮茶色蛋鵝膏（可食用）、天狗鵝膏（可食用）、橙蓋鵝膏（可食用）等。

還有兩種危險的毒菌，一個叫膽汁菌，一個叫撒旦菌。牠們和白蘑的區別是，牠們的傘蓋裡面不像白蘑那樣是白色或淡黃色，而是粉紅或鮮紅色。如果把白蘑的傘蓋掰開，牠仍然是白的，如果把膽汁菌和撒旦菌的傘蓋掰開，起初會變成紅色的，後來會變成黑色的。

H.‧帕甫洛娃

蜉蝣

　　昨天，在湖上下了一場暴風雪。雪花在空中飛舞，向著水面紛紛降落，然後又升上去，再從高空降落下來。由於當時天氣晴朗，熱空氣在炎熱的陽光下流動，而且沒有風，所以會出現那種景象。

　　但今天早上，整個湖面卻灑滿了乾燥和死氣沉沉的雪片。

　　在炎熱的陽光下它竟然不化，而且沒有閃光。這是怎麼一回事呢？

　　我們便去觀察那些積雪，待走到岸邊時，才發現那並不是雪，而是成千上萬隻長著翅膀的蜉蝣。牠們已整整三年待在黑暗的湖水深處，從淤泥和腐爛的水藻中汲取營養，

從沒有見過陽光，昨天才從湖水中飛出。就在昨天，牠們的幼蟲爬到了岸邊，開始羽化，脫下牠們的蟲皮，展開小翅膀，飛到了空中。

蜉蝣的生命很短，只有一天時間可以飛舞。一整天牠們都在陽光下舞蹈，宛如輕盈的雪花。雌蛾降落到水面上，把細小的卵產在水中。然後，太陽下山之前，那些死去的蜉蝣的身體便飄落在四岸和水面上。

幼蟲從蜉蝣的卵裡鑽出，需要三年，才可以長成有翅膀的蜉蝣飛到水面上。

白野鴨

一群野鴨降落到湖中央。我從岸上觀察著牠們，牠們是一群生著夏季羽毛的純灰色野鴨。我看到在牠們中間有一隻顏色較淺的野鴨，我端起望遠鏡，仔細研究了一番，牠渾身上下都是淺奶油色的。

當清晨太陽升起，暖暖的陽光照在牠身上時，牠忽然變得雪白，很是顯眼。

我打獵打了這麼多年，還是頭一次見到這種野鴨，牠是一隻患色素缺乏症的野鴨。患色素缺乏症的鳥獸（白

子），血液裡缺乏色素，一生下來就是渾身雪白的，或者顏色淡淡的，一輩子都會這樣。牠們沒有保護色，所以在同類中很容易被天敵發現，不過，這隻野鴨很幸運，牠躲過了猛禽的利爪。我很想打到牠，但現在辦不到，因為這群野鴨停落在湖心，讓人無法靠近。我只好等待機會，看什麼時候牠會來到湖邊。這原本只是一個念頭，沒想到，還真讓我等到了。

一天，我正沿著水灣走的時候，忽然從草叢裡飛出幾隻野鴨，其中就有那隻白野鴨。我舉起槍，想把白野鴨打下來，但是在舉槍的一 那，牠被一隻灰鴨擋住了。那隻灰鴨被我打了下來，其他的野鴨卻飛走了。

這可能是一次例外，我雖然看見過牠很多次，可每次牠都有幾隻灰鴨陪伴著。貿然開槍，我的霰彈只會打在普通的灰野鴨身上，白野鴨卻安然無恙地和其他的灰野鴨飛走了。

一直到現在，我也沒有把牠打落！

這些事情發生在皮洛斯湖上，皮洛斯湖位於諾甫戈羅省和加里寧省的交界處。

維・比安基

綠色的朋友

用哪些樹來造林

應該用哪些樹來造林呢？為了造林，我們選好了 16 種喬木和 14 種灌木，這些樹木，在蘇聯各地都可以栽種。

以下是這些樹木中最主要的幾種：

橡樹、白楊、山楊、白樺、榆樹、楓樹、松樹、落葉松、桉樹、蘋果樹、梨樹、柳樹、金合歡、野薔薇、醋栗等。

所有的小孩子都要明白這件事，並要記得牢牢的，因為要開闢苗圃，就要知道需要採集什麼植物的種子。

森林通訊員：彼‧拉甫羅夫、謝‧拉利奧諾夫

機器植樹

由於需要種植的樹木和灌木很多，光憑人的兩隻手是無法勝任的。所以，機器就來助一臂之力了。

人們發明和製造了形形色色的機器，它們既機靈又能幹，無論是種子、樹苗，還是大樹，牠們都會種。

有機器來種植樹木、綠化谷地、挖掘池塘、處理土壤、養護苗圃，人類就方便多了。

新的湖

在列寧格勒，有許多大河流、小河流、池塘和湖泊，這裡夏天不是很熱。在克里米疆區，池塘就不多，且沒有湖，只有一條小河流經過這裡，到了夏天，這條小河乾涸了，人們只要捲起褲管，光著腳就可以走過去。

以前，在集體農莊的果園和菜園，經常鬧旱災。現在，這裡不會再缺水了。因為莊員們新挖了一個水庫，這是一個很大的湖，裡面有水 500 萬立方公尺。有了這個湖，就可以用來灌溉農田，同時還可以養魚、養水禽，一切顯得那麼生機勃勃。

我們要幫忙造林

蘇聯人民現在從事著偉大的勞動，在許多條河流上建立了空前的大水電站，並在到處造森林帶，這些森林可以保護田地，擋住風沙的侵襲。蘇聯人民都在參與這些活動。少先隊員和小學生也想幫助造林，他們曾在祖國的紅旗下宣示過：要過有意義的生活，要忠於祖國和人民。這也就是說，需要我們用雙手來建設我們的國家。

沿著伏爾加河會看到一排排小樹，從這一頭一直竄到

那一頭。現在這些樹苗還小，還沒有長大，每一棵樹苗都會遇到很多敵人，例如害蟲、小獸、熱風等。我們學校的學生決定要保護這些小樹，不讓牠們受到敵人的侵害。

我們知道，一隻椋鳥一天可以消滅 200 克的蝗蟲，如果這種鳥在附近，會給我們帶來很多好處。所以我們的學生就開始著手製造了 350 個椋鳥房，掛在小樹林的附近。

金花鼠和其他類似的小動物對小樹的危害很大，我們要和小朋友們一起消滅金花鼠。於是，我們往牠們的洞裡灌水，用捕鼠機逮捕牠們。我們還要製造一種新型的捕鼠器。

我們這個省的集體農莊，要負責照顧這些小樹，而且還要栽種田林帶。莊員們需要大批的林木種子和樹苗。

幫助復興森林

我們的學生參加了造林工作，把收集到的各種林木種子交給了集體農莊和護田造林帶。在我們的校園裡，開闢了一個個的小苗圃，種植了楓樹、山楂、白樺、橡樹、榆樹等。這些樹的種子，都是我們親自採集的。

學生：加利婭‧斯米爾諾娃、妮娜‧阿爾卡蒂耶娃

在今年夏天，我們將收集 1000 公斤的種子。很多學校都將開闢苗圃，為防護林帶培植各種各樣的小樹苗。我們要和小朋友們一起組織巡邏隊，來保護林帶，不讓林帶受到踐踏、破壞，甚至是發生火災。

雖然這是學生應做的起碼工作，但如果連學生都這樣做的話，那可預見的，我們就可以給祖國帶來很多好處。

薩拉托夫市第六十三男子七年制學校的全體學生

園林周

在俄國各地的城市和鄉村，每年都要舉行一次園林周。中部和北部的各個省份，園林周在 10 月舉行；南方的各個省份，園林周在 11 月舉行。

第一屆的園林周，是在籌備十月革命 30 周年紀念慶祝會的時候舉行的。當時在各個集體農莊裡，開闢了幾千個花園。在國營農場、農業機器站、學校、醫院等機關的院子裡，在公路和大街兩旁，在集體農莊莊員、工人的住宅的空地上，栽種了幾百萬棵果樹。少年造林家和少年園藝家為了迎接園林周，贈送了國家很多禮物。

目前，每逢園林周的時候，國營苗木場就準備了幾萬棵蘋果樹和梨樹的樹苗，還有漿果和裝飾植物的苗木。在沒有花園的地方，也著手開闢了花園。

塔斯社

林中地盤的爭戰（續前）

我們《森林報》的記者在第四塊伐木跡地上瞭解到，那裡的森林是在三十年前被砍伐的。當白樺和山楊全部夭折以後，林子下層活下來的只有雲杉。而在牠們還在陰影裡靜靜生長的時候，白樺和山楊演繹了一個個故事。誰生長的速度快，誰就可能把對手無情地殺掉。戰敗者會枯萎、倒下。於是，陽光就可以從上面照射到年輕的雲杉頭上。

雲杉剛開始接觸到充足的陽光時會生病，但時間久了，牠們就適應了。

牠們徐徐地恢復過來，身上換上了新的葉子。牠們開始快速地生長著，連頭頂的樹枝也無法來得及掩蓋那些露出來的空隙。這些雲杉要與白樺和山楊競爭，牠們把自己長矛似的銳利尖頂伸進了上層空間。

白樺和山楊開始感覺到了競爭者的可怕，牠們要開始戰爭。

我們《森林報》的記者目睹了敵對雙方可怕的白刃戰。

一開始會刮起風，風會把所有的樹木搖晃。闊葉的林木撲向了雲杉，用自己像手臂一樣的枝葉抽打著雲杉。就

連平時膽怯的山楊，此時也不再沉默了，牠們舞動著枝葉，開始與雲杉搏擊。

然而山楊並不是勇士，牠缺乏韌性，牠的手臂易折斷。雲杉就不害怕牠們了。

而白樺的身體很結實，也強勁有力，會把手臂搖擺，周圍的樹木也很擔心，因為和白樺撞起來可是十分可怕的。只有雲杉例外，牠和白樺打起了白刃戰。

牠們用柔韌的枝條相互抽打著，藉以消弱對方的實力。

被白樺繞著樹杈的地方，雲杉的針葉容易枯萎而死；被白樺繞住主幹的雲杉，牠的頂端會凋亡。

雲杉能夠擊敗山楊，卻打不退白樺。雲杉本身是一種堅硬的樹木，儘管不會折斷，但是也不會彎曲，牠很難用自己筆直的枝幹用力地去抽打。

這場戰爭的結局如何，我們《森林報》的記者無法看到，因為這場戰爭將要持續許多年，才能得知誰是最後的贏家。我們《森林報》的記者只好去尋找森林中這樣的地方，那裡的戰爭已經結束。至於他在哪裡找到這種地方，在下一期將會進一步報導。

農莊的事兒

在各個集體農場裡，莊稼就要收割完了。現在也是最忙的時候，因為收割下來的頭一批糧食要交給國家，每一個集體農莊首先都把自己的勞動成果交給國家。莊員們收割完黑麥後，去收割小麥；收割完小麥後，去收割大麥；收割完大麥後，去收割燕麥；收割完燕麥後，去收割蕎麥。看樣子，莊員們忙得不亦樂乎！

在集體農莊到火車站的路上，車輛來來往往，每一輛車上都裝有集體農莊收穫的糧食。

拖拉機（曳引機）此時在田裡耕作，現在需要犁地，為明年的春播做準備。夏季的漿果已經過時，果園裡的蘋果、梨和李子正成熟。

在林子裡有很多蘑菇，在沼澤地上，越蔓莓轉紅了。

孩子們正在摘著一串串沉甸甸的山梨。

那些公田雞可不好過了，牠們從秋播的莊稼地搬到了春播的莊稼地裡，現在又得要從這一塊春播的莊稼地搬到另一塊春播的莊稼地裡。

有一些鳥兒躲進了馬鈴薯田，在那裡，很少有人會打

攪牠們。不過，集體莊員們又要挖馬鈴薯了，孩子們點起了篝火，在地裡搭起了小灶，在那裡烤著馬鈴薯吃，每一個孩子的臉都燻得漆黑，像黑色的小鬼一樣，讓人見了有些害怕。躲在馬鈴薯地裡的鳥兒從中跑了出來，牠們的雛鳥已經長大，獵人已經可以捕獵牠們了。牠們得找個地方藏身、尋食，可是，找什麼地方呢？田野裡到處的莊稼都收割完了。不過，這時候秋播的燕麥長得很高，牠們大部分躲到那裡去了。

火眼金睛人的報告

　　8 月 26 日，我趕著一輛大車運送著乾草。忽然看到在一堆枯枝上有一隻貓頭鷹，我兩只眼睛便瞅著牠。我在想，貓頭鷹離我這麼近？為什麼牠不飛走呢？我把車停住，走了下來，撿起一根樹枝，朝貓頭鷹扔過去。牠飛走了。牠飛走後，我看到從枯枝底下飛出幾十隻小鳥。原來這些小鳥躲在那裡，現在牠們避過了敵人貓頭鷹的捕食。

森林通訊員：列‧波利索夫

把雜草殺掉

在只剩下剛毛似的麥稈田裡，田地的敵人雜草潛伏了起來。牠們的種子落在地上，根莖藏在地下。牠們是在等待著春天的來臨。當春天到來，人們把土地翻耕，種上馬鈴薯的時候，雜草就開始活動起來，並且會傷害馬鈴薯的成長。

這樣，集體農莊的莊員們決定，把粗耕機開到田野裡去，粗耕機會把雜草的種子翻進土裡，會把雜草的根莖切成一片一片。

雜草以為是春天到了，因為那時天氣暖和，土地又鬆軟，牠們就開始發芽。種子發芽了，根莖也發芽了，田野裡變得一片青綠。

這時，莊員們可高興了。等雜草長出來，就會把地再耕一邊，把雜草翻了一個底朝天。在冬天，雜草就會被凍死，牠們就不會在春天時欺負馬鈴薯了。

H．帕甫洛娃 報導

虛驚一場

一天早上，森林裡的鳥獸發現人類在林邊將乾燥

的亞麻桿鋪在地上，很是吃驚，牠們想這可能是個陷阱——動物們的末日到了！

不過，牠們吃驚得太早了，因為人類對牠們並沒有敵意。人們只是鋪了薄薄的一層亞麻桿，形成平整的一片。亞麻桿放在這裡被雨水和露珠打濕，之後人們就可以不費勁地抽取纖維了。

興旺的家庭

在「五一」集體農莊裡，母豬杜希加生了 26 個孩子。在 2 月時，牠當時有 12 個孩子，我們還向牠道喜過。牠有一個興旺的家庭，孩子還真不少啊！

黃瓜地裡的叫嚷

在黃瓜地裡引起了公憤，黃瓜門大聲叫嚷著：「為什麼莊員們每隔一兩天都要到我們這裡來，而且把綠顏色的青年都摘走了，怎麼叫我們安安靜靜地成熟？」

可是莊員們只留下少數的黃瓜當種子，其餘的趁綠時都被摘掉了。那些綠黃瓜嫩而多汁，真的很好吃，一旦成熟後，人們就不喜歡吃了。

帽子的樣式

在林中的空地和道路的兩旁，長出了棕紅色的蘑菇。在松林裡棕紅色的蘑菇很好看，牠們的顏色是艷紅的，一個個矮矮胖胖，結結實實，在帽子上有一圈圈花紋。

小孩子說，這種帽子的樣式，是棕紅色的蘑菇向人類學來的，因為它們的帽子的確像草帽。

還有牛肝菌，牠們的帽子跟人類的不同。別說是男人，就連年輕的姑娘，也往往不會戴這種帽子。要知道，牠們的帽子黏糊糊的，實在不敢讓人恭維！

撲了個空

一群虎蜂鳥飛到了「陽光燦爛」集體農莊的養蜂場捕獵蜜蜂，牠們都不高興，在抱怨著說：「養蜂場上居然沒有蜜蜂，誰也沒有事先告訴我們，在 7 月下旬，蜜蜂就被轉移到了南面開花的森林和茂密的灌木叢裡。」

蜜蜂在那些地方正辛勤地採蜜，等到那些地方的花謝了，蜜蜂就要飛回家了。

打獵的事兒

帶著獵狗打獵

8 月的一個清晨，我和塞索伊奇一起去打獵。我的兩隻短尾巴狗傑姆和鮑依，很高興地跟著我。塞索伊奇的獵狗拉達尾巴很長、很漂亮，牠把兩隻前腳搭在主人的身上，並熱情地舔了一下主人的臉。塞索伊奇假裝很生氣地說：「去，你這個討厭的傢伙！」然後用手擦了擦嘴唇。

這時，那三條獵狗已經離開我們，在田野上奔跑。拉達狂奔起來，牠白色帶黑斑的花棉襖在灌木叢中若隱若現。我的兩條狗像受了委屈似的，在那裡汪汪汪地叫著。我和塞索伊奇怎麼追也趕不上牠們。讓牠們溜溜吧，我們這樣說！

我們來到了一片灌木叢，我吹了一個口哨，傑姆和鮑依就飛跑過來，在我身邊跳來跳去，並用嘴嗅著灌木和草墩。拉達在我們前面閃來閃去，一會兒跑向左邊，一會兒跑向右邊，忽然牠站立不動了。

牠彷彿是看到了一件奇怪的事，呆立在那裡了，而且保持著剛才奔跑時的那種姿勢。牠的頭微微向左偏，脊背

有彈性的彎曲著，左腳抬起，尾巴伸得很直，好像大羽毛一樣。

是一種野獸的氣味讓牠如此這樣！

「你打吧！」塞索伊奇對我說。

我搖搖頭，把兩隻小狗叫了回來，吩咐牠們躺在我的腳邊，免得牠們把拉達發現的獵物給趕跑了。塞索伊奇走到拉達身邊，從自己的肩上取下了獵槍，然後扣上扳機。他指揮著拉達前進，並努力克制住自己的滿腔熱情和興奮，拉達在他的指示下剛要行動，忽然從灌木叢裡飛出幾隻棕紅色的大

鳥。塞索伊奇又命令著拉達往前走，拉達只好向前跑去了。兜了半個圈子，拉達又站立著不動了。塞索伊奇走到拉達身邊，不明白牠為什麼會這樣。這時在灌木叢後面，悄悄地出現了一隻棕紅色的鳥兒，那鳥兒個頭不大，正無精打采地揮動著翅膀，看樣子牠好像是受傷了。塞索伊奇放下了獵槍，把拉達叫了回來，原來那隻鳥是一種秧雞。

春天時，這種鳥兒在牧場上會發出刺耳的聲音，那時候獵人還能忍受得住，只是在這個打獵的季節裡，獵人們就討厭牠們了。

牠在草叢裡正亂鑽著，讓塞索伊奇無從下手。

過了一會兒，我就和塞索伊奇分開了，約好在林中小湖邊碰面。

我沿著一條狹窄的峽谷繼續前行，溪谷中綠草如茵，兩邊是樹木叢生的高崗。我的兩條狗跑在前面，我隨時都準備著扣板機。

傑姆和鮑依每鑽進一個灌木叢，就聽到裡面劈劈啪啪的。我的眼睛盯住牠們，突然發現，在我的周圍出現了美妙的景色。

我看到太陽升到樹梢上面，照得青草和綠葉間發出一道道亮麗的光芒。在青草和灌木叢上，有很多蜘蛛網，那些蜘蛛網像一根根極細的鐵絲，張羅在枝葉上。我看到松樹幹匍匐在地上，好像深沉的老人。在一個積水潭裡，有很多水，旁邊有幾隻蝴蝶在翩翩起舞。我的兩隻獵狗跑過去喝水，我也跟著過去捧起水喝了幾口。因為我們都很渴了。

在我腳旁一株大葉子的綠草上，有一顆露珠正閃閃放光，活像一粒珍珠。我小心地彎下腰，以免碰掉了那滴露珠。

那些毛茸茸、濕漉漉的闊葉草，人只要用嘴唇一碰，清涼的露珠就會滾落到人的舌尖上。

忽然，傑姆大叫了起來，我立刻丟下那片正準備用嘴解渴的闊葉草，朝傑姆走去。傑姆正在水邊卷著尾巴，不停地叫著。我跑過去一看，有一隻鳥兒已經撲搧著翅膀，從傑姆的身邊飛走了。我再仔細一看，原來是一隻野鴨，我心慌了一下，舉起槍，顧不得瞄準，霰彈就穿過樹葉向牠打去，野鴨就這樣掉到溪水裡去了。

傑姆遊到水裡，把獵物銜上岸，顧不得抖落身上的水，先把野鴨給我送來了。

「好樣的！」我彎下身子，撫摸著傑姆說。

可這時候，傑姆抖起身子來了，一陣水星子降落到我的臉上。我生氣地說：「真沒禮貌，滾開點！」傑姆這才跑開了。

我用兩個手指頭捏住野鴨的嘴巴尖，把牠提起來掂掂分量。手感很重，應該是一隻成年野鴨，而不是今年剛孵出來的。

我的兩條獵狗又叫著向前跑去，我急急忙忙地把野鴨裝在背袋上，也跟著追了過去。我一邊走，一邊重新裝上

彈藥。

狹窄的溪谷也漸漸開闊起來，可以看見一座座草墩，一簇簇香蒲[31]。

傑姆和鮑依在草叢裡鑽來鑽去，不知道牠們會發現什麼。我只希望傑姆和鮑依能發現新的野禽。

一轉眼，兩條狗鑽進了香蒲裡，看不見牠們了，只聽到香蒲裡的聲音。忽然從裡面飛出一隻長嘴沙錐，牠飛得很低，迅速地曲折前進。

我瞄準沙錐就是一槍，但沒打中，牠還繼續飛著；打了一個盤旋，落在草墩上。牠離我這麼近，而且老老實實地待著，我倒是不好意思打牠了。這時，傑姆和鮑依跑了過來，把沙錐嚇飛了起來，我又是一槍，又沒打中。

說起來很糟糕，我打獵了 30 年，獵到的沙錐不下幾百隻，可現在連放了兩槍竟打不中一隻。我停頓了一會，只好去找找看能不能獵到幾隻琴雞了，不然被塞索伊奇看到，他會嘲笑我的。

城裡人都把沙錐當做一種很好的野味兒，沙錐可以做成一道可口的菜。不過，在鄉村裡卻不這麼認為。

這時，我聽到不遠處傳來塞索伊奇的槍聲，我想他可

能已經打到 5 公斤重的野味兒了吧！

我走過小溪，爬上斜坡。在這裡可以看得很遠。那裡有一大片伐木後的空地，接著是燕麥田，還有……那是拉達和塞索伊奇。

我看到拉達站住了，塞索伊奇走了過去，他放槍了，一連放了兩聲，就過去撿獵物。我這時才知道我的兩條獵狗跑到密林裡去了。我有這麼個規矩：如果我的獵狗進入了密林，我就會順著林中的空地去走。空地很寬闊，可以隨意放槍。

鮑依叫了起來，傑姆也叫了起來。我急急忙忙地走過去想看看是怎麼一回事，我猜想一定是琴雞。果然，一隻烏黑的琴雞衝了出來。牠黑得像一塊炭，沿著空地飛跑著。

我舉起獵槍，趕上前去，開了一槍。琴雞卻轉了個彎

---

31. 香蒲，別名水蠟燭、東方香蒲、蒲黃、蒲草。多年生，水生植物，草本，地下根莖粗狀，匍伏於泥中，地上莖直立呈圓柱型，長可達 2 公尺。分佈於熱帶和溫帶地區之溪床、水田、沼澤或濕地。香蒲用途廣泛，可做花材、可入藥（花粉稱蒲黃），也是製造人造棉及紙張之材料；中國江蘇淮安、山東濟南等地在春夏之交食用其脆嫩的地下莖，稱為蒲菜；南美原住民則使用香蒲為材料製船；它也是編織草蓆、草鞋、草帽等傳統用具的重要材料；端午節時，採其葉與艾草插於門口，用以避邪。台灣有兩種常見的香蒲，一種稱香蒲，另一種稱水燭（又稱為狹葉香蒲）。

兒，消失在高大的樹木後面了。難道說，我沒有打中嗎？要知道，剛才可是瞄得很準的。

我吹了個口哨，把兩條狗叫了過來，然後走進琴雞消失的那個林子。我們找了一陣也沒有找著，唉，今天真倒楣！

我需要再試試，也許到了小湖上，運氣會好一些。

我走到了林中空地，情緒壞透了，在不遠處就是一個小湖。傑姆不知跑到哪裡去了，鮑依卻鑽了出來。牠好像在說：「你是獵人，我是你的幫手，你只管開你的槍吧。」

我在想，如果是帶著拉達打獵，情況會好很多，那樣，我就會百發百中。

想著想著，就來到了小湖邊，我似乎又充滿了希望。

在湖邊長滿了蘆葦，鮑依撲通一下跳了進去，在水中遊著，而且不停搖著牠的尾巴。

鮑依叫了一聲，蘆葦裡飛出一隻野鴨，大聲地嘎嘎嘎叫著。我開了一槍，野鴨就把脖子耷了下來，啪嗒一聲掉在水裡了。牠肚皮朝天，兩隻紅腳掌還在不停地顫動著。

鮑依遊了過去，張開嘴想把野鴨咬住，可是野鴨忽然鑽進水裡不見了。鮑依莫名其妙地呆在那裡，牠不明白野

鴨跑到哪裡去了。忽然鮑依也鑽進了水裡。

鮑依是怎麼啦？難道是沉到湖底了嗎？

我正在想著，野鴨浮到水面上來了，正慢慢地遊向湖岸。而鮑依也遊出來了，牠抓住了野鴨，把野鴨叼上了岸。

我剛想說話，卻聽到塞索伊奇說：「打得不錯啊！」我一回頭，塞索伊奇從我背後走了過來。

鮑依放下野鴨，抖落身上的水。我說：「鮑依，把野鴨拿過來！」這時，傑姆跑過來了，牠銜起野鴨給我送了過來。然後，傑姆又跑到灌木叢裡去了。我正在納悶，牠竟從灌木叢裡叼出一隻死琴雞出來。

這時我才明白，傑姆原來是在林子裡找琴雞呢！那正是我打傷的那隻琴雞。傑姆真是好樣的！

我有這麼兩條好狗，在塞索伊奇面前，讓我很自豪。

我說：「牠們跟了我 11 年，真忠實啊！」

塞索伊奇說：「的確，牠們沒有偷懶過。」

然後，我在篝火旁喝茶的時候，塞索伊奇將他的獵物掛在白樺樹枝上，他的獵物是兩隻小琴雞和兩隻小松雞。

三條獵狗也圍繞著我們蹲著，牠們的六只眼睛在盯著我們的一舉一動，看樣子牠們想吃一塊烤肉！我們很樂意

分給牠們一些。

再看看天空，天高高的，藍藍的，白楊樹的葉子在枝頭抖動，發出沙沙沙的聲音。

看來已經晌午了，塞索伊奇在吸著煙，他正沉思著。

我站起身來，對塞索伊奇說：「現在我們可以去打獵了，去打新出巢的鳥兒，因為現在正是時候。但要瞭解牠們的生活和習性，光只有念頭是不行的！」

打野鴨

獵人們很早就發現了，當年輕的野鴨飛起來的時候，牠們會一群一群地在一起飛。牠們會成群結隊地在一晝夜裡，從一個地方到另一個地方作兩次遷徙。

白天，野鴨們往往會鑽進蘆葦蕩裡休息和睡覺。等到太陽下山，牠們就會從蘆葦蕩裡飛出來，開始牠們的征程。

這時，已經有獵人在守候牠們了。獵人知道牠們將飛往西邊的田野，所以蹲在樹叢裡，對著日落的方向。

當太陽下山時，天邊燃著一片絢麗的晚霞。明亮的霞光映襯著野鴨的輪廓，此刻野鴨正向西方飛行，牠們要經過獵人守候的地方。獵人很方便地瞄準，不止一隻野鴨會

被他打落。

在天黑的時候，獵人開始射擊了。野鴨並沒有注意到守候牠們的獵人，所以有些撞在了獵人的槍口上，牠們大部分會成為獵人的獵物。

助手

有一窩的黑琴雞在林間的空地上覓食，牠們靠近森林的邊緣，以防有萬一時可以飛進森林裡逃命。

牠們在不停地啄食著漿果。

這時，一隻小琴雞聽到草叢裡有腳步聲，牠抬起頭，看到草叢上方有一張可怕的獸臉，渾身嚇得瑟瑟發抖。那隻野獸的嘴唇耷拉著，雙眼貪婪地緊盯著小琴雞。

小琴雞縮成一團，在等待下一步的行動。只要野獸再動彈一下，牠就會張開翅膀，飛到一邊。

時間在滴滴答答地度過，野獸的臉依然在那兒，小琴雞也沒有飛。

小琴雞總算鬆了一口氣，忽然，不知誰傳來了一聲命令：「向前衝！」

野獸衝了過去，小琴雞馬上展翅飛了起來，奔向救命

的森林。

林子裡頓時傳來一陣轟鳴，一閃火光，一陣煙霧，小琴雞倒在了地上。

那隻野獸是條獵狗，是牠的主人獵人發出的命令。獵人走過去撿起小琴雞，又派遣他的獵狗繼續前進：「輕一點，再好好地找，拉達，好好地找……」

躲在樹上的松鳥

高大的雲杉顯得黑洞洞，並且寂靜無聲。

當太陽落到森林後，獵人在雲杉樹幹間從容不迫地走著，在前面有一種響聲，好像是那些山楊樹發出的聲音。獵人站住了，那聲音停止了，再仔細聆聽，好像是敲在樹葉上的雨點聲：「滴答，滴答，滴答……」

獵人躡手躡腳地往前走著，離山楊樹也越來越近了。

滴答，滴答，滴答……接著又沒有聲音了。

獵人想看個明白，但隔著密密麻麻的樹葉，什麼也看不清楚。獵人停住腳步，站著不動。

看誰更有耐性，是待在山楊裡的那一位，還是持槍蹲在下面的這一位？

久久沒有聲音，一片寂靜。

過了一會兒，又「滴答，滴答，滴答」地響起來。原來是一個黑乎乎的東西停在樹上，正用嘴啄著山楊樹細細的葉柄。

獵人看清楚了，那是一隻年輕的松鳥，牠完全沒注意到迫近的危險。

這種打獵是很公平的，就看誰先發現對方，看誰的耐性大一些，看誰的眼睛尖一些。

不誠實的遊戲

獵人在稠密的雲杉林中的一條小道上走著，忽然聽到了「撲啦啦，撲啦啦」的聲音，接著就有七八隻琴雞從他眼前飛過。

獵人還沒來得及舉起槍，那些琴雞已經消失在雲杉林中了。牠們是去了哪兒，落在了哪兒，獵人也不清楚，只好躲在小道旁的一棵小雲杉後。

獵人從口袋裡掏出一支短笛，吹了一下，然後坐在一個小樹墩上，扳起槍機，然後又把短笛放到嘴邊。

這場不誠實的遊戲開始了。

琴雞藏在樹叢裡，在琴雞媽媽發出信號之前，牠們是不能動的，連呼搧一下翅膀都不允許。每一隻琴雞都待在各自的樹枝上。

　　過了老大一會兒，琴雞媽媽發出了信號，好像說：「可以了，可以了，飛到這兒來吧！」

　　一隻小琴雞就溜下樹，落到地上，牠傾聽著媽媽的聲音是從哪兒傳來的。

　　琴雞媽媽又在說：「可以了，可以了，飛到這兒來吧！」

通知

　　椋鳥去哪裡了？白天可以看到牠們，但是在夜裡牠們藏到哪裡去了？自從小鳥一出窩，牠們就丟下了窩飛走了，再也沒有回來。如有知情者，請與我們聯繫。

《森林報》編輯部

這隻小琴雞便朝著發出聲音的方向跑去，但牠竟跑向了獵人的守候處。

　　小琴雞馬上撒腿逃跑，獵人打了一槍，又拿起短笛繼續吹。吹出琴雞媽媽的聲音：「可以了，可以了，飛到這兒來吧！」

　　又有一隻小琴雞受騙了，牠也乖乖地來送死了。

　　　　　　　　　　　　　　　本報特約通訊員

代向小讀者問好

　　我們從北冰洋和沿岸的各個島嶼飛來，那裡的海象、海豹、白熊和鯨囑咐我們向小讀者們問好。

　　我們還可以給小讀者帶個口信，問候河馬、斑馬、獅子、長頸鹿和鯊魚。

　　　　　　　從北方飛經的沙錐、野鴨和海鷗

What's Nature
森林報——夏之花

作　　者：（前蘇聯）維‧比安基（Vitaly Valentinovich Bianki）
編　　譯：子陽
插　　畫：蔡亞馨（Dora）
總 編 輯：許汝紘
副總編輯：楊文玄
編　　輯：黃暐婷
美術編輯：楊玉瑩
行銷企劃：陳威佑
發　　行：許麗雪
出　　版：信實文化行銷有限公司
地　　址：台北市大安區忠孝東路四段 341 號 11 樓之三
電　　話：（02）2740-3939
傳　　真：（02）2777-1413
網址：www.whats.com.tw
E-Mail：service@whats.com.tw
Facebook：https://www.facebook.com/whats.com.tw
劃撥帳號：50040687 信實文化行銷有限公司

印　　刷：上海印刷廠股份有限公司
地　　址：新北市土城區大暖路 71 號
電　　話：（02）2269-7921

總 經 銷：高見文化行銷股份有限公司
地　　址：新北市樹林區佳園路二段 70-1 號
電　　話：（02）2668-9005

更多書籍介紹、活動訊息，請上網輸入關鍵字 華滋出版 搜尋

國家圖書館出版品預行編目 (CIP) 資料

森林報：夏之花 / 維 . 比安基著；子陽譯 . -- 初
版 . -- 臺北市：信實文化行銷，2015.04
　　面；　公分 . -- (What's nature)
ISBN 978-986-5767-59-4(精裝)

1. 森林 2. 動物 3. 植物 4. 通俗作品

436.12　　　　　　　　　　　104002358